Roberto Rizzo

Salvare il mondo senza essere Superman

Gesti di ecologia quotidiana

Prefazione di Mario Tozzi

Einaudi

Prefazione

Il nostro sistema di produzione dell'energia non funziona in modo efficiente e lo sappiamo bene, cosí come pure siamo consapevoli di sprecare un mucchio d'acqua nel nostro uso urbano o nelle nostre campagne e come dovremmo sapere che un uso estensivo dell'automobile non è giustificato da nessun punto di vista, energetico o ambientale che sia. Tuttavia, sappiamo esattamente cosa dovremmo fare per dare il nostro piccolo – ma probabilmente fondamentale – contributo alla fine di questa società basata su consumi insostenibili? E ancora: ci siamo resi finalmente conto che questo modo di concepire la società non è compatibile con un pianeta dalle risorse limitate? Perché il problema va posto ormai in questi termini, o, forse, in termini ancora piú duri, tanto da far ritenere superata una fase che ha fatto epoca – quella dello sviluppo sostenibile – nella convinzione che nessuna forma di sviluppo economico, almeno inteso nel senso tradizionale, sia ormai piú sostenibile da nessun punto di vista. È il sistema economico imperniato sul binomio consumi-sviluppo a rivelarsi falso nella sua interezza ed è davvero difficile pensare che possa essere semplicemente riformato: come? quando?

Come si è arrivati a questo punto – viene da domandarsi – cosa è successo agli uomini, diventati cosí diversi dagli altri animali e cosí incapaci di rapportarsi al mondo naturale in maniera armonica? È successo che ci siamo comportati per secoli come se l'ambiente fosse una semplice risorsa, il mero contenitore fisico dei minerali, delle risorse, dell'acqua o del paesaggio, lo scenario di cui fanno parte le piante e tutti gli animali. Tutti tranne uno, quello che un dio aveva posto – chissà perché – al centro di un meccanismo evolutivo di cui era l'insostituibile fulcro. Abbiamo creduto che l'ambiente fosse il luogo dove vive l'uomo, non il sistema cui l'uomo indissolubilmente appartiene: una visione distorta che si è tramutata in un tragico errore di prospettiva.

Forse un tempo l'uomo – pur già producendo cultura – è stato parte armonica del sistema Terra, quando la popolazione del pianeta non aveva raggiunto i sei miliardi di individui e non si era ancora dimostrata clamorosamente vera la visione maltusiana per cui le risorse si accrescono con una proporzione matematica, meno produttiva di quella geometrica secondo la quale, invece, cresce la popolazione. Ma oggi – diciamo a partire dal XX secolo – l'attività produttiva dell'uomo è diventata un vero e proprio assalto che il pianeta non riesce piú a sostenere, e che, inoltre, non crea ricchezza che per pochi e impoverisce il pianeta nel suo complesso. La scienza come appropriazione delle leggi della natura allo scopo di dominarla meglio, l'assoluta dimenticanza dell'insegnamento dei greci antichi, il falso mito di un progresso e di uno sviluppo che qualcuno – sempre un altro – comunque, prima o poi, dovrà pagare. E pensare che il concetto di biosfera (l'insieme dei viventi) – oggi attaccata e disarticolata dallo sviluppo produttivo dell'uomo moderno – non è certo nuovissimo ed era già stato compreso parecchio tempo fa da un alunno del famoso chimico russo Mendeleev (quello della tavola periodica degli elementi), Vladimir Vernaskij, ormai diversi decenni fa.

Come accennavo in precedenza, recentemente abbiamo comunque pensato che esistesse la possibilità di uno sviluppo sostenibile, che senz'altro sarebbe un passo avanti rispetto all'esaurimento delle risorse, ma che non può essere risolutivo. È il sistema economico capitalista ad essere esiziale per l'ambiente, perché consuma troppa energia e troppe risorse e, da questo punto di vista, può essere solo abbattuto, non riformato (*mutatis mutandis*...), se si vuol sopravvivere. Nel passato geologico è esistita una biosfera senza uomini, ma non può esistere un uomo senza biosfera. Egli contribuisce come un albero o un altro animale qualsiasi, né piú né meno: non è, insomma, una componente essenziale come a noi fa piacere credere o come la pretesa esistenza di un'anima ci dovrebbe spingere a pensare. La tecnologia ha ormai sorpassato l'attività della biosfera e l'uomo preleva oltre la metà delle risorse che dovrebbero appartenere a tutti viventi: è evidente che qualcuno resterà senza. E le cose non sono davvero andate meglio con il socialismo reale, quello dei folli progetti di sfruttamento ambientale sovietici o, ancora oggi, quello delle micidiali grandi dighe cinesi. Inoltre non si tratta di un semplice problema tecnologico – come spesso si tende a far credere –, visto che sarebbe difficile applicare anche la piú avanzata tecnologia degli uomini a un pianeta che abbia finito le sue risorse.

Semplicemente l'attuale nostro modo di vita non è compatibile con il mantenimento dei cicli ecologici necessari alla sopravvivenza delle specie dei viventi, uomo compreso. La macchina produttiva attuale disgrega comunque l'ambiente, per cui – in questo campo – non porta alcun vantaggio lasciare libertà di impresa individuale, se poi si pagano scotti cosí ingenti e si compromette il bene comune. Non è neppure piú sufficiente risparmiare o limitare i consumi – cosa peraltro dovuta – e forse vanno abbandonati i processi di globalizzazione, recuperando invece il piccolo e l'indipendente; tenendo presente che il capitalismo sfruttatore dell'ambiente non crollerà sotto il peso delle sue eventuali contraddizioni interne, ma a causa del prezzo ambientale che sta facendo pagare a tutti. La ricetta prevede: popolazione mondiale ridotta a 1,5 miliardi di individui, abbandono dell'agricoltura intensiva, riduzione dei consumi energetici, riforestazione e riciclaggio, all'inseguimento di una società pre-industriale, quella sí, compatibile con la biosfera. Non si tratta di un ritorno al Medioevo, ma di riconquistare dimensioni ecologicamente compatibili per la nostra specie. Per inciso, vorrei sapere quando sono stati costruiti i centri storici delle nostre città, se non nel Medioevo, e per cavalli, carrozze e uomini a piedi: mentre oggi noi ci facciamo passare jumbobus e migliaia di autovetture. Considerazioni inevitabili e scientificamente condivisibili, purché si riesca a convincere governanti e governati del pianeta tendenzialmente piú suicida che esiste a prenderne atto e a fare qualcosa. In questo libro si parte soprattutto dai governati, ché di fiducia nei governanti non ne è rimasta poi molta.

D'altra parte voglio farne un caso personale e quotidiano. Sono un cittadino mediamente informato nel campo ecologico, anzi, normalmente spendo la gran parte del mio tempo proprio a reperire informazioni di carattere ambientale. Di piú: il mio lavoro di ricercatore avviene in un istituto del Consiglio Nazionale delle Ricerche che si chiama di Geologia Ambientale e sono anni che recensisco libri su queste tematiche o, addirittura, ne scrivo. Eppure non ho potuto fare a meno di prendermela con me stesso alla fine della lettura di ogni capitolo del libro di Roberto Rizzo: in ogni pagina trovavo elementi nuovi di riflessione e nuovi consigli pratici di cui non sospettavo neppure l'esistenza. Certamente è noto che se ci si fa la doccia invece del bagno si risparmiano decine di litri di acqua e di energia, cosí come si sa che si risparmia a lavarsi i denti con un solo bicchiere d'acqua o a farsi la barba chiudendo il tappo del lavandino. Oppure che si spreca energia elettrica lasciando le luci accese in casa (se non ci servono, ovviamente), o che esistono elettrodomestici di classe «A» che costano un po' di piú, ma consentono di risparmiare energia e emissioni inquinanti.

Ma non conoscevo – lo confesso – le lavatrici o le lavastoviglie a doppia presa d'acqua: c'è un ingresso che può essere sfruttato introducendo acqua riscaldata direttamente con un pannello solare termico (se lo faccio con uno scaldabagno elettrico sposto solo il problema). Cosí si risparmia l'energia necessaria alla serpentina per riscaldarsi elettricamente. Né sapevo granché dei gruppi d'acquisto per orientare consapevolmente i consumi nel senso del risparmio e della tutela ambientale. O della possibilità che possa funzionare un energy manager all'interno del luogo di lavoro (privato, pubblico ancora no, come se la maggior parte degli sprechi non si annidasse, da tempo, proprio in quelle strutture...)

Alla fine mi sono trovato a scorrere i capitoli di un libro – che si legge con grande facilità e che è anche didattico – alla ricerca di qualche ultimo suggerimento e sono stato costretto a confrontare il mio stile di vita, le mie scelte, i miei esagerati consumi con quanto leggevo. Vivo in un appartamento in cui i caloriferi sono posti in nicchie sotto le finestre, dunque risultano poco efficienti, in cui il frigorifero è probabilmente troppo grosso rispetto alle esigenze nostre e del gatto, in cui non ci sono frangigetto in tutti i rubinetti, non ci sono pannelli solari né termici né fotovoltaici e in cui le lampadine fluorescenti a risparmio energetico sono ancora troppo poche. Però il riscaldamento è a gas (come pure la produzione di acqua calda) ed è governato da un termostato ben regolato, ci sono i doppi vetri alle finestre, le mura sono spesse e non c'è ascensore. Apro il portafoglio e ci trovo una carta per accumulare miglia in aeroplano per avere – a gratis – un altro viaggio, ho carte di credito e bancarie per spendere piú facilmente e piú rapidamente e una patente che qualche anno fa significava solo un'autovettura privata. In realtà la patente oggi mi serve solo per il ciclomotore a quattro tempi (meno inquinante) – con dispositivo energy saving che spegne il motore dopo tre secondi di sosta stabile –, per affittare un'autovettura quando serve e per ottenere la mia tessera personale di car sharing, la numero 99-7-00112-49 del servizio Roma Car Sharing partito da poco tempo anche nella capitale proprio nel mio Municipio (il III), grazie a un Presidente lungimirante e all'Atac (mobilita.sostenibile@atac.roma.it).

A guardare bene c'è anche un biglietto da visita molto particolare, quello di un'agenzia turistica milanese che si chiama Azonzo Travel (www.azonzotravel.com) e che il mio amico Fabio Chisari ha costituito proprio per cucire addosso a ciascuno il proprio viaggio personale, tenendo conto non solo delle tasche, ma anche delle inclinazioni e della tendenza, sempre piú accentuata, a viaggiare in modo responsabile: se vuoi andare in Brasile in jet lo fai, ma puoi sceglierti una via «lenta» e compatibile del viaggio, magari appassionandoti anche ai temi ambientali, non solo a quelli artistici o storici. Poi mi sono ricordato che alcuni amici di Torino (tra cui Davide di Colloredo Mels, www.edizionicosmopolis.it) hanno fondato un'associazione per il commercio equo e solidale che va in qualche misura oltre le centinaia di negozi che sono già stati aperti in tutta Italia. Si chiama *Cogito Equo Sum*, un modo talmente buono di cominciare che ho deciso di testimoniare le loro iniziative solo per il piacere di farlo. Leggo poi nella mia agenda che ho presto in programma un'altra riunione del comitato di garanzia di un fondo di investimento che tiene conto non solo della scelta etica (ce ne sono già molti), ma anche, e per la prima volta, di vincoli ambientali. Nelle riunioni del fondo di garanzia Aureo – WWF Pianeta Terra (nato da una iniziativa di WWF e del Credito Cooperativo) di cui faccio parte si discriminano le aziende quotate in borsa che hanno avuto problemi ambientali, che non tengono conto delle ragioni del mondo naturale e che non si riconvertono adeguatamente: certamente non si fanno speculazioni, ma le performance sono ottime in rapporto al benchmark e la raccolta sale, seppure molto lentamente. Non sono in molti a poter risparmiare qualche euro, ma chi ci riuscisse oggi può investire anche mettendo nel conto le ragioni ambientali, cioè, in definitiva, le nostre. Dentro l'agenda poi ci sono anche le tessere delle associazioni ambientaliste (a occhio e croce quasi tutte), un ottimo modo per partecipare e per contribuire a dare la sola risposta possibile, quel mondo diverso per ottenere il quale oggi ci si può ancora giocare qualche carta, ma domani chissà.

Racconto tutto questo per scacciare quel senso di rassegnazione che ci prende inevitabilmente di fronte a problemi di cosí vasta e apparentemente lontana portata: quando il nodo è troppo intricato tendiamo a scappare, a far finta di niente, a rimandare comportamenti virtuosi o, addirittura, a evitarli, proprio perché ritenuti inutili rispetto alla vastità e alla difficoltà dell'argomento. Non scongiuriamo la siccità dell'Africa subsahariana se risparmiano acqua in casa nostra, come non risolviamo il problema del traffico nella nostra città se rinunciamo all'autovettura in favore della condivisione dell'automezzo. Ma pure quello è il primo passo, e non è solo la voglia di una disciplina interiore di maggiore caratura etica che ci spinge su quella strada, ma il valore dell'esempio e la consapevolezza di aver fatto la nostra parte: non è quasi mai sufficiente, ma è un passo indispensabile.

MARIO TOZZI

Bibliografia

Cambiamenti climatici.

Andrea Pinchera, *Ci salveremo dal grande caldo?*, Laterza, Bari 2004.
Ian R. Swingland, *Un approccio integrato a favore del clima e del patrimonio naturale*, Edizioni Ambiente, Milano 2004.
Antonio Cianciullo, *Il grande caldo*, Ponte delle Grazie, Firenze 2004.
Alessandro Lanza, *Il cambiamento climatico*, Il Mulino, Bologna 2000.

Consumo critico.

Patrick Viveret, *Ripensare la ricchezza*, Terre di Mezzo Editore, Roma 2005.
Francesco Gesualdi, *Sobrietà*, Feltrinelli, Milano 2004.
Norman Myers e Jennifer Kant, *Paesi emergenti tra consumo e sostenibilità*, Edizioni Ambiente, Milano 2004.
Vandana Shiva, *Le guerre dell'acqua*, Feltrinelli, Milano 2004.
Annalisa Cicerchia, *Leggeri sulla terra. L'impronta ecologica della vita quotidiana*, Franco Angeli, Milano 2004.
Laura Rangoni, *Il biologico. Uno stile di vita naturale*, Xenia, Milano 2003.
Alberto Zoratti, *Questo mondo non è in vendita. Come opporsi alle strategie del supermercato mondiale*, Berti, Piacenza 2003.
Andrea Saroldi, *Costruire economie solidali*, EMI, Bologna 2003.
Guido Viale, *Un mondo usa e getta*, Feltrinelli, Milano 2000.
aa.vv., *Invito alla sobrietà felice*, EMI, Bologna 2000.

Ecologia pratica e stili di vita.

Andreas Schlumberger, *50 piccole cose da fare per salvare il mondo e risparmiare denaro*, Apogeo, Milano 2005.
Umberto Di Maria, *Vacanze contromano. La guida al turismo responsabile, ai campi di lavoro e solidarietà*, Berti, Piacenza 2004.
Umberto Di Maria e Silvia Melloni, *Turisti responsabili*, Berti, Piacenza 2004.
Duccio Canestrini, *Andare a quel paese. Vademecum del turista responsabile*, Feltrinelli, Milano 2003.

Julia Butterfly Hill, *Ognuno può fare la differenza*, Corbaccio-TEA, Milano 2002.
Marinella Correggia, *Manuale pratico di ecologia quotidiana*, Mondadori, Milano 2000.

Fonti rinnovabili.

Hermann Scheer, *Energia rinnovabile per un futuro sostenibile*, Edizioni Ambiente, Milano 2004.
Eolico: paesaggio e ambiente. Sfide e opportunità del vento in Italia, a cura di Gianni Silvestrini e Mario Gamberane, Franco Muzzio Editore, Roma 2004.
Le vie del vento. Tecnica, economia e prospettive del mercato dell'energia eolica, a cura di Luciano Piazzi e Roberto Vigotti, Franco Muzzio Editore, Roma 2004.
Pietro Menna, *L'energia pulita*, Il Mulino, Bologna 2003.
Paolo Pietrogrande e Andrea Masullo, *Energia verde per un paese rinnovabile*, Franco Muzzio Editore, Roma 2003.
John Perlin, *L'energia solare dalla ricerca spaziale agli usi sulla terra*, Edizioni Ambiente, Milano 2000.

Idrogeno.

Jeremy Rifkin, *Economia all'idrogeno*, Mondadori, Milano 2002.
Seth Dunn, *Verso la sostenibilità dei consumi energetici*, Edizioni Ambiente, Milano 2002.
Hoffmann Peter, *L'era dell'idrogeno. Energia per un pianeta piú pulito*, Franco Muzzio Editore, Roma 2002.

Risparmio energetico.

Federico Butera, *Dalla caverna alla casa ecologica*, Edizioni Ambiente, Milano 2004.
Mathis Wackernagel e William E. Rees, *Come ridurre l'impatto dell'uomo sulla terra*, Edizioni Ambiente, Milano 2004.
Giacomo Korn, *Uso razionale dell'energia nella casa*, Franco Muzzio Editore, Roma 2003.
Dominique Gauzin-Müller, *29 esempi europei di urbanistica, qualità ambientale, sviluppo sostenibile*, Edizioni Ambiente, Milano 2003.

Ernst Ulrich von Weizsäcker, Amory B. Lovins e L. Hunter Lovins, *Fattore 4. Come ridurre l'impatto ambientale moltiplicando per quattro l'efficienza della produzione*, Edizioni Ambiente, Milano 1998.

Sistema energetico.

Paul Roberts, *Dopo il petrolio*, Einaudi, Torino 2005.
Worldwatch Institute, *State of the World 2005. Sicurezza globale*, Edizioni Ambiente, Milano 2005.
G. Battista Zorzoli, *Il mercato elettrico. Dal monopolio alla concorrenza*, di Franco Muzzio Editore, Roma 2005.
Ambiente Italia 2005. 100 indicatori sullo stato del paese, a cura di Duccio Bianchi ed Edoardo Zanchini, Edizioni Ambiente, Milano 2005.
Richard Heinberg, *La festa è finita*, Fazi, Roma 2004.
Maurizio Pallante, *Un futuro senza luce?*, Editori Riuniti, Roma 2004.
Legambiente, *Uscire dal petrolio*, a cura di Stefano Ciafani ed Edoardo Zanchini, Le Balze, Montepulciano 2004.
Emilio Novati, Pietro Raitano e Stefano Magnoni, *Paura del buio*, Altreconomia, Milano 2003.
Ugo Bardi, *La fine del petrolio*, Editori Riuniti, Roma 2003.
Vincenzo Naso e Fabio Orecchini, *La società no oil*, Orme Editori, Milano 2003.
Michele Paolini, *La guerra del petrolio*, Altreconomia, Milano 2003.

Salvare il mondo senza essere Superman

Introduzione

«Benché sia io la vincitrice del Premio, esso è un riconoscimento al lavoro di tantissimi individui e gruppi in ogni parte del globo. Queste persone lavorano in silenzio e spesso senza gratificazione per proteggere l'ambiente, promuovere la democrazia, difendere i diritti umani e assicurare l'eguaglianza tra donne e uomini. Facendo questo, esse piantano dei semi di pace». Wangari Maathai ha iniziato con queste parole il discorso di accettazione del premio Nobel per la Pace 2004. Prima ambientalista e prima donna africana a ricevere l'onorificenza, Maathai ha cosí voluto mettere in evidenza il prezioso lavoro di chi cerca di proteggere l'ambiente e porre un freno al consumo intensivo di risorse che mette a repentaglio la qualità dell'aria e delle acque, il clima, la biodiversità, le foreste. La sfida ambientale odierna dovrebbe vedere noi, abitanti dei paesi industrializzati, impegnati piú di altri perché siamo i maggiori responsabili dell'inquinamento del pianeta e del consumo di risorse: se tutti gli abitanti della Terra consumassero come gli statunitensi servirebbero tre pianeti, se la stessa proporzione fosse fatta in base ai consumi degli italiani ne servirebbero due.

La strada da intraprendere per inquinare meno in realtà è meno impegnativa di quello che comunemente si crede. Non è necessario essere Superman o fare cose meritevoli del premio Nobel, come Wangari Maathai: basta mettere in pratica alcuni semplici accorgimenti e avere fiducia che anche piccoli gesti possono essere utili. Ciascuno di noi in ogni momento della propria vita può scegliere il gesto piú opportuno. Già percorrere a piedi o in bicicletta un paio di chilometri invece di usare l'auto a benzina consente di evitare l'emissioni di circa 250 grammi di anidride carbonica, il principale gas responsabile dell'effetto serra antropico. Chi a tavola ama delle belle bistecche, qualche volta può iniziare a farne a meno e preferire delle verdure di stagione: la produzione di un hamburger di carne bovina richiede tanto petrolio quanto quello necessario per percorrere in auto a benzina una trentina di chilometri. Ridurre di un chilo la quantità di rifiuti che produciamo in una settimana permette di evitare l'emissione di 60 kg di anidride carbonica in un anno.

Anche la scienza e la tecnologia vengono in aiuto di chi vuole ridurre il proprio peso sull'ambiente. Risparmiare energia è semplice come premere un interruttore, se si usano le lampade fluorescenti compatte a risparmio energetico che, per fornire la medesima quantità di illuminazione, assorbono un quinto dell'energia richiesta da una lampadina tradizionale a incandescenza. Gli ultimi frigoriferi super-efficienti, di classe A+ e A+ +, richiedono dal 25 al 65% dell'energia consumata dai modelli standard di classe A, mentre coi pannelli solari tutti possono diventare produttori di energia pulita. Talvolta fare parte di un gruppo e modificare il proprio stile di vita insieme ad altre persone rende l'impresa meno ardua. È questo il caso di chi si riunisce nei Gruppi di acquisto solidali, persone che comprano insieme beni di uso comune (alimentari e non) direttamente da piccoli produttori locali, o di chi ai viaggi organizzati tutto compreso preferisce i campi di volontariato o essere ospitato in famiglie «porte aperte».

Le possibilità sono quindi innumerevoli: sta a noi comprendere dove si annidano i nostri sprechi e sbizzarrirci per cercare di ridurli.

L'evidente squilibrio dei consumi nel mondo.

In media, ogni anno ciascun abitante del pianeta consuma l'equivalente in energia di una tonnellata e mezza di petrolio.

Però questa è solamente una media e come tutte le medie nasconde la realtà di un mondo in cui un cittadino dei paesi piú ricchi (America del Nord, Unione Europea, Australia, Giappone: un sesto della popolazione mondiale) consuma 25 volte piú energia di uno che abita nei paesi piú poveri di Africa, Asia (senza Cina e Giappone) e America Latina (tre miliardi e mezzo di persone). La gran parte dell'energia consumata nei paesi ricchi non è destinata alla produzione di beni essenziali per la sopravvivenza ma di beni di lusso o non strettamente vitali. Basti pensare che nel mondo si spendono 13 miliardi di euro in profumi, cifra sufficiente per vaccinare tutti i bambini del globo contro le malattie, mentre l'obesità costituisce ormai il principale problema sanitario negli Stati Uniti: il 37% dei bambini e degli adolescenti americani hanno una quantità di grasso corporeo eccessiva e i due terzi degli adulti sono soprappeso o obesi. Allo stesso tempo nei paesi poveri 825 milioni di persone sono denutrite, un miliardo e seicento milioni di persone non ha accesso all'elettricità, il 40% vive in condizioni igieniche insostenibili a causa della carenza di acqua, una persona su cinque non ha acqua potabile a sufficienza.

I paesi industrializzati rappresentano cosí un allettante esempio di benessere e ricchezza diffusa per i paesi in sviluppo, i cui abitanti, d'altronde, hanno tutto il diritto di accedere a condizioni di vita accettabili e simili alle nostre. D'altra parte si fa fatica a immaginare le conseguenze ambientali se i nove miliardi di persone che abiteranno la Terra nel 2050 godranno tutti del livello di consumi e di sprechi tipici dei paesi ricchi. Specie se anche il sistema produttivo ed energetico dei paesi ricchi venisse preso come esempio da seguire in toto.

Petrolio, cardine del sistema energetico.

Lo stile di vita occidentale sprecone si basa sulla disponibilità quasi illimitata e a bassi costi di petrolio. Questa è la fonte energetica piú usata al mondo: col petrolio si produce il 37%

di tutta l'energia mondiale. Medicinali, fertilizzanti per l'agricoltura, insetticidi, oggetti in plastica, racchette da tennis, corde per le chitarre, coloranti per capelli, ombrelli, occhiali, combustibili per auto (benzina), per aerei (cherosene), per centrali elettriche (olio combustibile), per caldaie (gasolio) sono beni prodotti interamente o almeno in parte col greggio (e l'elenco potrebbe essere molto piú lungo). Il petrolio insieme a carbone e gas naturale, gli altri due combustibili fossili, fornisce l'85% dell'energia consumata nel mondo. Il resto è fornito da energia nucleare (6%) ed energia idroelettrica (6%) e, in minima parte, da fonti rinnovabili: energia del sole, energia del vento, energia della Terra, energia dalle biomasse. L'Italia è in linea con questi numeri. Quasi tutta l'energia che consumiamo, il 95%, proviene da combustibili fossili: 51,5% petrolio; 34,6% gas naturale; 8% carbone. Il resto dell'energia è data dai grandi impianti idroelettrici e dalle fonti rinnovabili, in particolare geotermico.

I problemi che nascono da un sistema energetico di questo tipo sono principalmente due, uno di carattere ambientale-sanitario, l'inquinamento prodotto dalla combustione delle fonti fossili, e l'altro economico: la difficoltà di stimare le riserve di petrolio produce instabilità economica e politica. L'Italia deve confrontarsi con un'ulteriore handicap: avendo solo qualche giacimento di gas naturale sul proprio territorio (circa un quarto del gas consumato in Italia è prodotto da giacimenti della pianura padana e delle coste adriatiche), il nostro paese è obbligato a importare quasi interamente i combustibili fossili che utilizza, dipendendo cosí dai paesi produttori e rimanendo esposto alle fluttuazioni del loro prezzo sui mercati internazionali.

Fonti fossili ed effetti sulla salute.

I danni alla salute umana provocati da un sistema energetico cosí sbilanciato verso petrolio, carbone e gas naturale si verificano soprattutto nel caso di inquinamento atmosferico acuto che avviene per esposizioni a elevate concentrazioni di sostanze tossiche. L'inquinamento atmosferico acuto è tipico nelle aree urbane ed è provocato dagli impianti di riscaldamento e dal numero elevato di autoveicoli circolanti. Nelle aree rurali, le centrali elettriche e gli stabilimenti industriali, che costituiscono altre sorgenti di veleni per i nostri polmoni, utilizzano delle ciminiere abbastanza alte da disperdere le sostanze inquinanti in atmosfera senza che esse si depositino a terra (le ciminiere degli impianti di riscaldamento nelle città non raggiungono invece altezze sufficienti). Le conseguenze piú frequenti nel caso di inquinamento acuto sono l'aumento dei casi di malattie respiratorie (aggravamento dell'asma, attacchi di bronchiti ed enfisemi) e irritazione di occhi e mucose. Secondo lo studio Misa-2, svolto tra il 1996 e il 2002 su tutto il territorio nazionale, finanziato dal ministero della Salute e da quello dell'Università e della Ricerca Scientifica e Tecnologica, sarebbero almeno 10 000 i morti da smog ogni anno nel nostro paese. Le città coi tassi piú elevati di inquinamento atmosferico sono Napoli, Roma e Milano, seguite da Bologna, Genova, Palermo e Verona. Le sostanze piú dannose sono le polveri sottili, cioè le particelle solide o liquide che rimangono sospese nell'aria e, fra di esse, soprattutto i PM2,5, le particelle con un diametro inferiore a 2,5 micron che riescono a introdursi nel circolo sanguigno attraverso i polmoni e provocare danni anche al sistema cardiocircolatorio. In estate chi vive in città soffre dell'inquinamento da ozono (da non confondere con l'assottigliamento dello strato di ozono nell'alta atmosfera) che provoca infiammazioni alle vie respiratorie e alle mucose; le prime a esserne colpite sono le persone a rischio, i bambini e gli anziani.

Per quanto riguarda invece l'esposizione a basse concentrazioni delle sostanze inquinanti, gli effetti in questo caso si hanno nel lungo termine e colpiscono prevalentemente persone già indebolite, come malati affetti da patologie cardiovascolari o respiratorie, ma anche anziani e bambini.

L'uomo e l'ambiente.

L'uomo fin da quando è comparso sulla Terra ha sempre utilizzato le risorse del pianeta per rendere piú agevole e semplice la propria esistenza. Oggi siamo però arrivati al punto in cui l'utilizzo intensivo di queste risorse ci può consentire un miglioramento momentaneo delle condizioni della nostra vita, ma sul lungo termine può comportare modifiche profonde e indesiderabili ai sistemi naturali. Uno degli esempi piú evidenti è rappresentato dal cambiamento del clima indotto dalle attività umane, probabilmente l'emergenza ambientale che desta piú preoccupazione nell'opinione pubblica a causa delle conseguenze potenzialmente nefaste che potrebbe determinare, come l'innalzamento del livello dei mari, l'aumento dei fenomeni meteorologici estremi (uragani, cicloni) e l'avanzamento dei deserti. Il clima terrestre cambia in continuazione ma l'uomo sta intervenendo su di esso introducendo in atmosfera alcuni gas che amplificano l'effetto serra naturale. Se non ci fosse questo fenomeno la temperatura media sulla Terra sarebbe di circa −18 °C; in realtà la temperatura media terrestre, grazie all'effetto serra naturale, è di circa 14 °C e ciò ha permesso la nascita e lo sviluppo della vita cosí come la conosciamo. Il gas che contribuisce maggiormente all'effetto serra antropico è l'anidride carbonica (CO_2), prodotta nella combustione delle fonti fossili, ma ne sono responsabili anche il metano, gli alocarburi e il protossido di azoto. Al fine di limitare l'emissione in atmosfera di queste sostanze, 130 nazioni hanno firmato il Protocollo di Kyoto nel 1997, che impegna i paesi industrializzati a ridurre le emissioni di gas serra in media del 5,2% per il periodo 2008-2012 rispetto ai livelli del 1990. Purtroppo le emissioni di CO_2 a livello globale sono aumentate del 16,4% dal 1990 al 2002 e l'incremento nel 2002 è stato del 2%. Per l'Italia l'obiettivo di riduzione è del 6,5%, ma secondo gli ultimi dati il nostro paese ha aumentato le emissioni dell'11,6%, tra il 1990 e il 2003. Il Protocollo è entrato in vigore nel febbraio del 2005 grazie alla ratifica della Russia, mentre gli Stati Uniti, i maggiori responsabili al mondo dell'emissione di gas serra (le emissioni pro-capite di un cittadino statunitense sono 4 volte la media globale e doppie rispetto a un europeo), hanno deciso di non ratificarlo perché considerano l'adesione troppo onerosa per il sistema economico americano. Probabilmente l'amministrazione Bush non tiene conto del fatto che le compagnie di assicurazione hanno sborsato nel 2004 piú di 40 miliardi di dollari per disastri naturali legati a fenomeni meteorologici, contro i 16 miliardi dell'anno precedente, e che le previsioni delle Nazioni Unite parlano di costi del cambiamento climatico di 150 miliardi di dollari in 10 anni e di 160 000 morti l'anno per gli effetti del cambiamento climatico.

Altre conseguenze dell'inquinamento provocato dai combustibili fossili sono le piogge acide, che hanno raggiunto il loro apice una quindicina di anni fa e che da allora sono in attenuazione ma non sono cessate del tutto, e l'eutrofizzazione dei suoli, fenomeno talvolta confuso con le piogge acide e che colpisce tutto il territorio italiano.

Un'altra grave emergenza ambientale prodotta dal nostro sistema industriale e produttivo è il cosiddetto buco o assottigliamento dello strato di ozono, gas costituito da tre atomi di ossigeno e che si accumula nella stratosfera, fra i 20 e i 50 chilometri dalla superficie terrestre. L'ozono protegge gli esseri viventi assorbendo la quasi totalità dei raggi ultravioletti provenienti dal sole. Un'elevata esposizione ai raggi UV può provocare malattie come la cataratta, il cancro della pelle e alterazioni del sistema immunitario.

Esistono infine delle catastrofi provocate in maniera indiretta dall'uso dei combustibili fossili, come le maree nere. Delle 3400 petroliere che solcano i mari di tutto il mondo trasportando 60 milioni di barili di petrolio ogni anno, almeno 800 hanno piú di 20 anni e sono perciò considerate a rischio secondo gli standard internazionali. Negli ultimi 30 anni gli incidenti catalogati come «gravissimi» sono stati ben 21 e hanno colpito le coste di tutto il mondo: da quelle atlantiche di Spagna e Francia, alle Galapagos, all'Alaska.

Esternalità: i costi che prima o poi dovremo pagare tutti.

In economia si parla di esternalità quando i costi delle azioni di un individuo o di un gruppo di persone ricadono sull'intera collettività. Le emergenze di carattere sanitario e ambientale hanno delle esternalità perché i loro costi sono sostenuti quasi sempre da tutti i cittadini e non solo da coloro che effettivamente li hanno provocati, cioè chi inquina. Questo vale sia quando a inquinare è un singolo cittadino che va in auto, usa il condizionatore o produce rifiuti, sia nel caso di uno stabilimento industriale o di una centrale elettrica. Diversi studi internazionali hanno cercato di determinare i costi esterni dovuti alle emissioni inquinanti delle fonti fossili e hanno quantificato una spesa compresa tra i 4 e i 140 euro per tonnellata di anidride carbonica emessa nell'atmosfera. Anche i paesi del G8 si sono interessati al tema e sono giunti alla conclusione che in Europa per ogni kWh di produzione di elettricità da petrolio il costo esterno relativo è in media di 7 centesimi di euro, per il carbone di 8 centesimi di euro e per sole e vento meno di un centesimo (ricordiamo che ognuno di noi paga un kWh di elettricità che consuma a casa circa 15 centesimi di euro).

Petrolio: per quanto tempo ancora?

I complicati processi chimici che portano alla creazione del petrolio durano milioni di anni, per cui, quando avremo prosciugato tutti i giacimenti esistenti, non avremo piú greggio a disposizione. Sulle stime di quando verrà estratta l'ultima goccia di petrolio non c'è unanimità di vedute tra gli analisti. Aziende petrolifere, nazioni produttrici, il Geological Survey degli Stati Uniti, l'International Energy Agency (Iea) affermano che le riserve ammontano ad almeno mille miliardi di barili, quantità sufficiente a garantirne in abbondanza per diversi decenni sia per i paesi industrializzati, sia per rispondere alla domanda crescente dei paesi in sviluppo. Nuove tecnologie di estrazione e di ritrovamento dei pozzi consentirebbero in futuro di estrarre petrolio anche da giacimenti oggi inaccessibili e sconosciuti. Un nutrito gruppo di scienziati afferma invece che siamo vicini al momento in cui la produzione mondiale di petrolio inizierà a diminuire, questione di una decina di anni al massimo, e che già oggi i produttori non riescono a trovare sufficiente petrolio per soddisfare l'incremento della domanda. Questi studiosi si basano sull'analisi delle scoperte di nuovi giacimenti a partire dal 1950 e sulle teorie del geologo americano M. King Hubbert, che stimò con 15 anni di anticipo l'inizio del declino dell'estrazione di greggio negli Stati Uniti. Essi ritengono che l'incremento del prezzo del greggio degli ultimissimi anni non è altro che l'antipasto di ciò che succederà quando vivremo nel periodo di diminuzione della produzione di petrolio e i nuovi giacimenti che vengono scoperti oggi contengono quantità sempre piú ridotte di greggio e in regioni remote, per cui le trivellazioni richiederanno investimenti sempre maggiori.

Secondo le cifre ufficiali, in diverse parti del pianeta la produzione di petrolio ha ormai superato le scoperte di nuovi giacimenti e la produzione è stabile o in decrescita in almeno 33 dei 48 paesi con la produzione maggiore, tra cui 6 degli 11 paesi dell'Opec (Organizzazione paesi esportatori di petrolio). Nel 2004 la Royal Dutch Shell, seconda azienda petrolifera privata mondiale, ha ammesso di avere gonfiato per diversi anni le stime delle proprie riserve. Anche le nazioni produttrici tendono a gonfiare le stime delle proprie riserve per ottenere con piú facilità crediti da banche e organizzazioni internazionali. Inoltre, secondo molti analisti una delle chiavi di lettura dei conflitti bellici che caratterizzano l'area piú ricca di greggio al mondo, il Golfo Persico, può essere quella del controllo anche armato da parte dei paesi occidentali degli ultimi rilevanti giacimenti rimasti. In questa ottica i paesi occidentali cercherebbero di correre ai ripari prima di ritrovarsi senza petrolio e di veder la propria economia e il proprio sistema industriale crollare con conseguenze imprevedibili.

Quali le alternative al petrolio?

Se risulta difficile prevedere quando la produzione di petrolio inizierà a diminuire perché questo dipende dalla stima sulle riserve, da fattori tecnologici e dalla crescita della domanda, su un dato il mondo scientifico nutre invece pochi dubbi: il secolo in cui stiamo vivendo è quello in cui il genere umano dovrà imparare a cavarsela senza petrolio. Quali allora le alternative praticabili? Si potrebbe puntare sugli altri combustibili fossili, gas naturale e carbone. Si stima però che anche le riserve di gas naturale si esauriranno entro la fine del secolo, mentre ci sarebbe carbone almeno per un altro paio di secoli. Senonché il carbone è una fonte energetica estremamente inquinante e non è un combustibile efficiente per i trasporti.

Anche la disponibilità di uranio, che è usato nelle centrali nucleari a fissione per produrre elettricità, è limitata, inferiore a quelle del carbone. Per di piú, le centrali nucleari a fissione hanno una scarsa accettabilità sociale a causa dello stoccaggio e dello smaltimento dei rifiuti radioattivi e della sicurezza degli impianti. I reattori nucleari autofertilizzanti avrebbero in teoria una disponibilità illimitata, ma sono caratterizzati da notevoli difficoltà di ordine tecnologico (il progetto del superphénix francese è stato abbandonato proprio per questi motivi).

In futuro una parte consistente dell'elettricità mondiale potrebbe provenire da centrali elettronucleari a fusione calda, il cui sviluppo è però in una fase ancora di ricerca: secondo gli scienziati ci vorranno minimo 40 anni prima della costruzione di una vera e propria centrale a fusione. Non dobbiamo pensare che la fusione soddisferà interamente il fabbisogno energetico mondiale e che renderà inutili le altri sorgenti di energia: ci saranno luoghi del pianeta dove l'energia solare o quella eolica si dimostreranno piú adatte rispetto alla fusione, che sarà comunque una fonte complessa da utilizzare.

Si parla poi molto di idrogeno, in particolare per i trasporti, ma anche in questo caso si tratta di tecnologie ancora in una fase sperimentale e di studio. Prima dell'avvento dell'economia all'idrogeno, purtroppo, dovranno passare ancora diversi decenni.

Fonti rinnovabili: tecnologie mature e attuali.

Già oggi sole e vento, fonti rinnovabili di energia, potrebbero sostituire il petrolio in vari ambiti energetici e produttivi. Secondo l'Iea le fonti rinnovabili, insieme all'idroelettrico, potrebbero soddisfare il 20% della domanda di elettricità mondiale entro il 2020 e il 50% di quella totale entro il 2050. Queste fonti vengono anche chiamate, erroneamente, alternative. In realtà il genere umano da millenni utilizza sole e vento per riscaldare le abitazioni, mettere in funzione i mulini, solcare i mari con le imbarcazioni a vela, mentre ci stiamo permettendo il lusso di utilizzare le inquinanti ed esauribili fonti fossili da circa 250 anni e lo faremo ancora per poco tempo. Sono quindi petrolio e carbone le vere fonti alternative, mentre sole e vento sono un'opzione concreta e matura che possiamo adottare fin da subito. Purtroppo la situazione odierna è che solo una minima parte dell'energia che consumiamo proviene da fonti pulite, malgrado sia evidente il loro elevato valore non solo ambientale ma anche economico: non producono rifiuti difficili da smaltire, contribuiscono al miglioramento economico e sociale portando energia nelle aree rurali o isolate, favoriscono la creazione di nuovi posti di lavoro. Si stima che per ogni miliardo di chilowattora prodotto nel comparto petrolifero si ottengono 260 nuovi posti di lavoro e che l'uso del carbone ne produce 360; il solare fotovoltaico (produzione di energia elettrica col sole) ne crea ben 76 000. Il giro di affari annuo delle fonti rinnovabili in Europa è già oggi di 10 miliardi di euro e in questo settore sono già impiegate almeno 200 000 persone.

Lo sviluppo delle fonti rinnovabili dipende in larga parte da scelte di carattere politico. Da diversi decenni i settori delle fonti fossili e dell'energia nucleare sono stati sovvenzionati con enormi finanziamenti da tutti i governi del mondo e continuano a esserlo. Si stima che nel 2001 l'Unione Europea abbia sovvenzionato il settore energetico con 29,2 miliardi di euro, di cui solo 5,3 per le fonti rinnovabili. Inoltre, i consumatori finali e gli investitori vengono informati a malapena sul potenziale energetico delle fonti rinnovabili, gli incentivi esistenti e gli sviluppi tecnologici.

Le cifre delle fonti rinnovabili nel mondo.

Germania e Giappone sono i paesi piú impegnati nello sviluppo dell'energia solare fotovoltaica. Le principali aziende che producono pannelli fotovoltaici sono quelle di elettronica del Giappone, ma anche alcune delle principali multinazionali petrolifere (anch'esse devono prepararsi per le sfide del futuro...) si stanno impegnando nello sviluppo di pannelli fotovoltaici. Nel mondo è la Germania la nazione dove si installano piú pannelli fotovoltaici: nel 2004 in Germania sono stati installati quasi 400 MW, cento volte piú che nella soleggiata Italia.

I due terzi dei nuovi impianti solari termici (produzione di acqua calda tramite il sole) in Europa nel 2003 sono stati installati in Austria e Germania. La Grecia è invece prima in Europa per metri quadri di pannelli solari termici installati per abitante: circa 260 metri quadri ogni mille abitanti, contro i 7 italiani (la metà dei pannelli termici italiani è installata in Trentino - Alto Adige).

I paesi dove sono installati piú parchi eolici sono, nell'ordine: Germania, Spagna, Stati Uniti e Danimarca. Nel 2003 il 16% dell'energia elettrica fornita alle abitazioni danesi è stata prodotta dal vento: si sono risparmiate cosí piú di 5 milioni di tonnellate di CO_2.

L'Unione Europea ha stabilito che nel 2010 il 12% dell'energia elettrica prodotta nell'Europa dei 25 dovrà essere rinnovabile, mentre la Cina si è impegnata a produrre entro il 2010 almeno il 10% della propria energia elettrica da fonti rinnovabili, escluse le grandi centrali idroelettriche, come quella delle Tre Gole, che hanno enormi impatti sull'ambiente. Anche il governatore della California, Arnold Schwarzenegger, ha promosso una legge affinché entro il 2020 un terzo dell'energia consumata nello Stato provenga da fonti rinnovabili.

E l'Italia, paese del sole, a che punto è? L'impegno italiano nel solare è molto scarso se paragonato al nostro potenziale, mentre lo sviluppo dell'eolico viene spesso ostacolato da pretestuose decisioni politiche che, a parole, intendono difendere i bei paesaggi italiani (per poi approvare condoni edilizi e grandi opere...) Va discretamente solo nel geotermico: l'Italia è il quinto paese a livello mondiale per la produzione elettrica geotermica grazie agli impianti che si trovano in Toscana.

Che cosa può fare ciascuno di noi?

Le gravi emergenze sanitarie e ambientali, oltre che le prospettive economiche negative che potrebbero nascere a causa della diminuzione di disponibilità di petrolio, impongono che ciascuno si dia da fare per trovare alternative ai modi attuali di consumo. È vero che nessuno di noi ha la forza o il potere di decidere se deve essere costruita una centrale a carbone o una solare, se lo Stato deve investire in nuovi armamenti o in tecnologie che fanno risparmiare energia. Tutti, però, possono limitare il proprio «peso» sull'ambiente mettendoci un po' di buona volontà. I modi sono infiniti: produrre meno rifiuti; muoversi in bicicletta, coi mezzi pubblici o a piedi; acquistare i prodotti che effettivamente servono e non perché suggeriti dalla pubblicità (meglio ancora se realizzati localmente); creare una piccola serra sul balcone di casa invece di comprare un condizionatore. Per di piú, sovente risparmiare energia fa bene anche al portafoglio oltre che all'ambiente. Se poi molte persone diventeranno consumatori consapevoli e responsabili, i politici saranno obbligati a parlare di questi argomenti in campagna elettorale e a prendere decisioni in tal senso una volta eletti.

All'inizio questa impresa potrebbe sembrarci faticosa e complicata: incominciamo allora dalle nuove azioni piú semplici. Risparmiamo energia coi nostri amici e familiari e confrontiamo con loro quello che riusciamo a fare ogni settimana. Abbiamo fiducia che anche le nostre piccole azioni si riveleranno utili. Saranno piccoli gesti, ma è proprio l'insieme di tanti piccoli gesti che può salvare il mondo.

Capitolo primo

Trasporti

In Italia un terzo dell'energia è consumata nel settore dei trasporti. Nel nostro paese auto e moto coprono l'83% della domanda di mobilità e questi sono anche i mezzi di trasporto che consumano piú energia in proporzione al numero di passeggeri: per percorrere 45 km un'auto a benzina consuma, in media, una quantità di energia sufficiente a illuminare un appartamento unifamiliare per due settimane, tre volte quanto consumerebbe un treno. L'auto è un mezzo di trasporto poco efficiente: solo il 20% dell'energia viene usata per far muovere il veicolo e i passeggeri: l'80% è persa in calore. Per di piú, un'auto di media cilindrata pesa facilmente anche una tonnellata, mentre i passeggeri raggiungono a malapena, tutti insieme, un peso di qualche centinaio di chili. Si ha cosí che solo il 2-3% dell'energia consumata dall'auto serve in realtà per il trasporto delle persone. Invece dell'auto vanno privilegiati treno, autobus, tram, ma anche la bicicletta, mezzo di trasporto che spesso si dimostra il piú veloce ed efficiente nel traffico cittadino, e, ovviamente, le gambe. Purtroppo gli italiani fanno scelte che vanno in altre direzioni. L'Italia, infatti, vanta il poco invidiabile primato mondiale di paese con il numero piú elevato di auto pro capite, quasi 60 ogni 100 abitanti, contro una media europea di 50, e gli italiani sono coloro che in Europa percorrono piú chilometri sui mezzi di trasporto: 15 200 km per abitante, superiore del 22% alla media europea. Spesso fanno un uso improprio dell'auto, utilizzandola anche quando i mezzi pubblici (o una bella pedalata) costituiscono alternative piú adeguate e le conseguenze sono risapute: perdita di tempo nella ricerca del parcheggio, lunghe code nelle ore di punta in città e sulle autostrade nei giorni di esodo vacanze, blocchi del traffico a causa del superamento dei limiti di soglia delle sostanze inquinanti, etc. Ormai per molti italiani l'auto non è affatto sinonimo di libertà di movimento, come insistono e ci vogliono far credere slogan pubblicitari sempre piú lontani dalla realtà che ciascuno di noi vive sulla propria pelle, ma piuttosto di stress. Nessuno rimpiange l'epoca di muli e carrozze, però sono in molti a sognare città piú a misura di pedone e di bambino, dove l'uomo possa riprendere il controllo sulle auto invece di continuare a esserne dominato. Come si può fare? Probabilmente l'espediente-miracolo non esiste, ma si può adottare un ventaglio di soluzioni, fra cui il car sharing, uno degli esempi piú convincenti e interessanti che promuove l'uso responsabile dell'auto.

Usare l'auto con buon senso: il car sharing.

Che cos'è il car sharing?

Car sharing significa letteralmente «auto in condivisione» ed è una forma di autonoleggio self service tramite cui si può avere a disposizione su prenotazione un veicolo in città quando serve. I soci del car sharing versano una piccola quota associativa mensile, mediamente meno di dieci euro, e pagano in proporzione ai chilometri che percorrono e per il numero di ore di utilizzo delle auto. Non c'è invece nessun costo per assicurazione, bollo, manutenzione e riparazioni. La procedura di prenotazione è semplice: l'utente contatta il call centre, dichiara per quanto tempo ha bisogno dell'auto e la va prendere al parcheggio piú vicino. Le nazioni europee in cui questo servizio è piú diffuso sono la Svizzera, dove l'idea nacque negli anni Ottanta, e la Germania che detiene il primato del numero di soci: 50 000 in 250 città. Il car sharing della sola città di Brema (Germania, 550 000 abitanti) consta di ben 46 parcheggi. Questa maniera innovativa di usare l'auto si sta diffondendo velocemente anche oltreoceano: a Montreal (Canada) i soci sono 4000, mentre nelle città statunitensi di Boston e San Francisco sono rispettivamente 4200 e 3000. Chi si associa al car sharing è invogliato a scegliere il mezzo di trasporto piú conveniente, senza costringersi nell'abitacolo dell'auto ogniqualvolta deve spostarsi. Spesso i soci godono di tariffe scontate per treni e autobus e ci sono servizi di città diverse gemellati fra loro (in Italia per ora questo avviene tra i servizi di Milano e Bolzano). L'auto deve essere guidata solo da chi è socio e non da familiari e amici perché verrebbe meno la copertura assicurativa in caso di incidente.

Quanta energia si risparmia?

Si stima che ogni auto del car sharing rimpiazzi da sei a dieci auto private, consentendo di risparmiare il materiale necessario alla loro produzione (circa il 25% dell'intero consumo energetico che caratterizza tutta la vita dell'auto) e di porre un freno al processo che rende le città grandi parcheggi in cui verde e spazi pubblici sono sempre piú soffocati. I veicoli dei car sharing sono quasi sempre gli ultimi modelli, quindi si tratta delle auto a benzina meno inquinanti o delle ecologiche: ogni socio, se avesse un'auto di proprietà, consumerebbe il doppio di carburante. Secondo uno studio dell'Università di Berkeley (California), il servizio di San Francisco consente di risparmiare ogni giorno 21 000 chilometri di viaggi in auto, 190 000 litri di benzina e 4 tonnellate di emissioni di CO_2.

Vantaggi non solo ambientali.

Talvolta, chi si associa a questo servizio lo fa non solo perché ambientalista convinto, ma anche per motivi economici. Come regola generale, il car sharing è vantaggioso economicamente se si percorrono in auto meno di 10 000 chilometri l'anno, ma questo dato dipende dall'auto di proprietà che il socio guiderebbe invece di quella del car sharing. Il servizio si differenzia da quello delle normali agenzie di auto in affitto sia perché le tariffe sono studiate in maniera tale da renderne vantaggioso l'uso anche solo per poche ore, sia perché i parcheggi si trovano anche nei centri delle città e non unicamente in corrispondenza delle stazioni ferroviarie o degli aeroporti.

L'esperienza.

In Italia le città in cui esistono servizi di auto in condivisione sono Milano, Torino, Genova, Modena, Roma, Bologna, Cinisello Balsamo (Milano), Rimini-Cattolica, Firenze, Bolzano e Mestre (in tutto circa 5000 soci). Quella di Milano è una delle realtà piú consolidate e oggi conta circa 550 soci che condividono 17 auto distribuite su 7 parcheggi. Stefano è stato uno dei primi soci: ecco come ci racconta la sua esperienza.

> Sono venuto ad abitare a Milano dalla Sicilia nel 2001 e, non avendo risorse economiche sufficienti, ho fatto una ricerca sulle alternative all'acquisto dell'auto. Proprio in quel periodo ho assistito alla presentazione del servizio organizzato da Legambiente e Touring Club Italiano: facendo due conti ho verificato che la proposta era molto vantaggiosa e nel 2002 ho deciso di associarmi. Uso le auto del car sharing quando mi devo spostare fuori città nelle fasce orarie in cui non ci sono mezzi pubblici oppure in zone dove si può arrivare solo in auto. Utilizzo il servizio anche quando devo raggiungere i centri commerciali, che il piú delle volte si trovano in periferia lontano dalle direttrici del trasporto pubblico, oppure se organizzo una gita fuori porta con gli amici: ci si divide la spesa, che diventa minima per ciascuno. Un aspetto importante, secondo me, è quello di educare alla condivisione di un bene che deve essere usato solo quando se ne ha effettivamente bisogno e del rifiuto della logica «usa e getta»: l'auto è qualcosa di prezioso e deve essere usata come tale. Questo è un concetto ben radicato tra i soci: capita molto raramente che qualcuno non lasci l'auto nelle condizioni in cui l'ha trovata oppure che la riporti in ritardo. Il car sharing di Milano funziona bene e il suo successo è evidenziato dal fatto che oramai è difficile prenotare un'auto per il giorno successivo dato il grande numero di soci, ma è un problema che sarà presto risolto grazie all'acquisizione di nuovi veicoli.

Gestiamo correttamente l'auto per risparmiare energia.

• Regoliamo la carburazione (o l'iniezione) e l'accensione. Solo una corretta miscela aria-benzina assicura la completa combustione del carburante e l'utilizzo completo del suo potenziale energetico. Perciò, bisogna effettuare con periodicità la pulizia degli ugelli degli spruzzatori, della vaschetta e del filtro combustibile; la regolazione del minimo e la sostituzione del filtro dell'aria. Per i motori diesel va curata la pulizia degli iniettori.

• Controlliamo almeno una volta a settimana la pressione dei pneumatici. Pneumatici appena sgonfi provocano un incremento del consumo di carburante anche del 3%, vale a dire 2 euro in piú a ogni pieno. Questo perché se i pneumatici sono sgonfi aumenta la superficie di contatto col terreno e, quindi, anche l'attrito (il valore dell'attrito è proporzionale proprio alla superficie di contatto tra pneumatici e suolo). Di conseguenza, viene dissipata piú energia ed è necessario consumare piú carburante per far muovere l'auto.

• Viaggiamo leggeri. In media, un portapacchi inutile aumenta del 2% il consumo di combustibile in città e del 20% nei percorsi extraurbani (lo spreco di energia aumenta con la velocità). Il carico va posto in maniera tale da ridurre al minimo la resistenza dell'aria.

• Non scaldiamo il motore. È assolutamente inutile scaldare il motore; meglio utilizzare lo starter per il tempo necessario e viaggiare lentamente per i primi 3 km, finché il motore non raggiunge la temperatura di regime.

• Non lasciamo girare il motore da fermi. Se riteniamo di stare fermi piú di 45 secondi spegniamo il motore per poi riaccenderlo.

• Prepariamo gli spostamenti. Se dobbiamo fare la spesa o una commissione, organizziamoci in maniera tale da andarci sulla strada per o dal lavoro. Raggruppiamo diversi spostamenti in una sola volta, cosí potremo risparmiare tempo e carburante. Fuori città conviene scegliere il tragitto piú rettilineo, cioè quello col minor numero di curve; in città vanno evitate le vie piú trafficate: ogni aumento della velocità di 25 km/h permette un risparmio di carburante del 20%.

Non esiste solo l'auto.

• Utilizziamo l'auto solo quando realmente necessario. Lasciamo in garage lo stress da traffico: l'auto non è il mezzo di trasporto piú adeguato per almeno uno dei tre spostamenti che effettuiamo in media ogni giorno. Ogni volta che abbiamo l'intenzione di salire in auto, riflettiamo se non sia piú opportuno andare a piedi, o in bici o usare i mezzi pubblici.

• Se il mezzo è pubblico consuma di meno. Treni, autobus, tram, metro sono mezzi che consumano meno rispetto ai veicoli privati (auto e moto) in proporzione al numero di passeggeri: un'auto a benzina, con una sola persona a bordo, consuma il triplo di un autobus; un'auto diesel il doppio. Sui mezzi pubblici possiamo leggere, riposare o fare nuove conoscenze, tutte azioni impossibili se si è imprigionati davanti al volante. Purtroppo l'offerta del trasporto pubblico in Italia è decisamente inferiore rispetto agli altri paesi industrializzati. Il numero di posti offerti sui mezzi pubblici per chilometro percorso e per chilometro quadro vede Milano (392), Torino (360) e Roma (112) surclassate da Londra (5100), Monaco (3000) e Parigi (1500). D'altra parte, se piú persone decidessero di prendere i mezzi pubblici, gli enti locali sarebbero obbligati a fornire un servizio adeguato.

• Pedaliamo. Piú la città è grande, piú gli spostamenti sono lunghi: a Roma ogni spostamento risulta in media di 14 km, a Perugia 3 km. Il 30% degli spostamenti in città è comunque inferiore ai 3 km, distanza che quasi tutti possono percorrere facilmente a piedi o in bicicletta (si stima che una persona in buono stato di salute possa percorrere fino a otto chilometri in bicicletta in meno di 30 minuti). La bicicletta si dimostra spesso il trasporto piú veloce e flessibile nel traffico cittadino. Perché allora non usare di piú questo mezzo per niente antiquato, ma, anzi, modernissimo? L'uso della bici negli spostamenti sistematici (casa-lavoro e casa-scuola) si attesta in diversi paesi europei sul 30%. In Italia siamo su percentuali dell'ordine del 3% e svetta su tutte le città Ferrara, col 31%. È anche vero che in Italia mancano drammaticamente piste ciclabili: in Svizzera ci sono 3300 km di rete ciclabile nazionale; in Austria 5000 km; in Germania 35 000 km; in Inghilterra 12 000 km; in Italia solamente 1000 km, di cui 250 tra Trento e Bolzano. Se si devono percorrere delle salite o per lunghi tragitti esistono anche le bici elettriche a pedalata assistita.

- Usiamo i parcheggi di corrispondenza. Invece di arrivare in centro città in auto, informiamoci se esistono dei parcheggi in corrispondenza delle fermate di autobus, metropolitane, treni, etc.
- Andiamo in vacanza dall'auto. Parleremo nel capitolo 7 di vacanze sostenibili, ma già ora forniamo l'indicazione di non partire in vacanza con l'auto ma preferire mete turistiche raggiungibili coi mezzi pubblici. Questo è già fattibile in Italia per diverse destinazioni turistiche, ancor piú nella maggior parte degli altri paesi europei.

Che fare se si vuole acquistare un'auto nuova?

Car sharing, mezzi pubblici e bicicletta non sono purtroppo soluzioni che tutti possono fare proprie e talvolta le circostanze impongono l'acquisto di un'auto. In questo caso consideriamo anche i consumi tra i criteri in base a cui la scegliamo e puntiamo sui modelli piccoli e leggeri, con un motore di bassa potenza. Una buona alternativa è quella delle auto ibride e di quelle ecologiche: a metano, a Gpl (gas di petrolio liquefatto) ed elettriche. Le auto ibride consumano circa 5 litri di benzina ogni 100 chilometri e abbattono le emissioni anche dell'80% rispetto alla norma europea Euro 4, che stabilisce i limiti delle auto immatricolate a partire dal primo gennaio 2006. Le auto ibride sono dotate di due o piú motori: un motore a combustione interna a benzina verde e uno o piú motori elettrici che utilizzano l'energia sviluppata in eccesso dal motore a benzina. La funzione «stop-and-go» spegne il motore quando l'auto è ferma (in coda o al semaforo). Il motore a benzina viene usato per i lunghi percorsi a velocità costante, come in autostrada e nelle strade a scorrimento veloce; quello elettrico in città, dove gli spostamenti sono frammentati. Il Gpl è una miscela di gas butano e propano estratto dai giacimenti di gas naturale e derivato dai prodotti di raffinazione del petrolio. Le auto a Gpl rientrano nei limiti stabiliti per legge delle auto ecologiche e possono quindi circolare nei giorni di limitazione del traffico. Secondo i dati di uno studio congiunto CNR-Euromobility, convertire a Gpl il parco auto circolanti consentirebbe di diminuire le emissioni di ossido di carbonio del 77%, quelle di ossido di azoto dell'84% e il Pm10 del 56%. Il costo del Gpl è inferiore rispetto agli altri combustibili tradizionali grazie alla semplicità di lavorazione. Lo sviluppo in Italia di questo combustibile è limitato dall'inadeguatezza della rete di distribuzione (benché ormai i distributori siano diffusi su tutto il territorio nazionale) e la tassazione a cui sono sottoposte le auto a Gpl. Le auto elettriche (senza motore a combustione interna) non inquinano, ma hanno lo svantaggio della scarsa autonomia (meno di 100 km) e richiedono alcune ore (in genere almeno cinque) per la ricarica delle batterie. Poi un conto è ricaricarle con l'energia del sole, un conto con l'elettricità prodotta da una centrale a carbone. Inoltre, lo smaltimento delle batterie al piombo costituisce un ulteriore costo energetico, economico e ambientale da non sottovalutare. Per chi acquista auto elettriche, a gas Gpl o a metano o chi trasforma entro il primo anno un'auto a benzina in auto a Gpl o a metano esistono incentivi statali differenziati per tipologia di auto.

Grossa cilindrata, grosso consumo.

Assolutamente da evitare le auto di grossa cilindrata e gli *sport utility vehicles* (Suv), quei fuoristrada adatti ai percorsi sterrati in campagna o nei deserti ma che ormai sfrecciano anche sotto il Cupolone e la Madonnina. Negli Stati Uniti un'auto in circolazione su cinque è un Suv e questi mastodonti stanno sfondando anche sul mercato italiano. Le nostre strade sono percorse da almeno mezzo milione di Suv e negli ultimi dieci anni il numero di immatricolazione è aumentato di cinque volte, senza per fortuna raggiungere i numeri degli Usa, dove ogni anno se ne aggiungono 3,5 milioni. Oltre a occupare piú spazio rispetto alle altre auto, questi bisonti della strada hanno consumi notevolmente maggiori: in media 20 litri di benzina ogni 100 km. Un confronto tra i dieci fuoristrada e le dieci auto normali piú vendute in Italia mostra che i primi bevono in media dal 60 al 70% in piú di benzina; un analogo confronto tra mezzi della stessa cilindrata porta a valori tra il 20 e il 30%. Senza contare la questione sicurezza: i dati delle compagnie assicurative americane mostrano che c'è una probabilità quattro volte maggiore di incidente mortale con ribaltamento del mezzo se un Suv rimane coinvolto. Varie amministrazioni comunali stanno correndo ai ripari. Dal primo gennaio 2005 nel centro storico di Firenze non possono entrare auto con ruote di diametro superiore ai 70 cm, norma che riguarda gran parte dei Suv; anche a Roma e a Parigi in passato sono state discusse norme simili.

Proponiamo passaggi in auto.

Se veniamo a sapere che un collega di lavoro o un vicino di casa percorre la nostra stessa strada, offriamogli un passaggio. Inviamo messaggi email a colleghi e amici per rendere nota la nostra offerta. Inseriamo il messaggio nella bacheca in azienda. Esistono anche siti internet dove si possono offrire e cercare passaggi in auto: www.viavai.it raccoglie le proposte in Italia, http://www.carpooling.com quelle a livello europeo. Lo stesso servizio è offerto da alcune radio private, come Popolare Network. Quando piú persone usano la stessa auto di proprietà e ne condividono i costi si parla di «car pooling». Il Policlinico Umberto I di Roma ha promosso uno degli esempi piú interessanti di car pooling in Italia: l'ospedale consente ai dipendenti di percorrere e parcheggiare l'auto nei viali di accesso solo se il veicolo trasporta almeno tre dipendenti.

Evitiamo i viaggi inutili in aereo.

Un'andata e ritorno in aereo ai Caraibi (16 000 km) provoca l'emissione in atmosfera di 3 tonnellate di CO_2, poco meno della metà delle emissioni in un solo anno di ogni italiano. I voli a corto raggio sono i piú inquinanti, perché è proprio in fase di decollo che viene emessa la quantità maggiore di sostanze nocive.

Una piccola azione tanto per iniziare.

La prossima domenica che andremo a fare la passeggiata in centro città, proviamo a prendere l'autobus o ad andarci in bicicletta o a piedi o (perché no?) coi pattini: ci accorgeremo che i vantaggi (e il divertimento) superano di gran lunga gli inconvenienti e che è affascinante vedere la città da un punto di vista diverso dal finestrino dell'auto.

Parole chiave del capitolo

Suv: a che servono in città questi bisonti della strada?
Gpl: gas di petrolio liquefatto, l'alternativa ecologica a diesel e benzina.
Auto ibrida: l'auto che usa due motori inquina (e consuma) di meno.
Car sharing: «si trova la ricchezza molto piú nell'uso che nella proprietà» (Aristotele).
Car pooling: l'autostop organizzato che decongestiona il traffico in città.

Ricordiamoci che...

Un'automobile a benzina, per ogni chilometro percorso, provoca l'emissione in atmosfera di una quantità di anidride carbonica che può variare da un minimo di 80 fino agli oltre 350 grammi emessi dai Suv. Il valore esatto viene fornito dalla casa costruttrice e ciascuno può calcolare quanti chili di CO_2 può evitare lasciando l'auto in garage un giorno alla settimana, una settimana al mese, un mese all'anno...

Capitolo secondo

Energia elettrica

Il consumo di elettricità nel nostro paese cresce del 3% l'anno e per questo motivo il governo e le aziende elettriche hanno deciso la costruzione di nuove centrali che utilizzeranno come combustibili il metano, la meno inquinante tra le fonti fossili, e il carbone, fonte energetica poco costosa ma estremamente inquinante. In realtà, la costruzione di queste centrali potrebbe essere evitata risparmiando energia nel settore residenziale. Utilizzando nuovi elettrodomestici e sistemi di illuminazione che garantiscono, al contempo, comfort ed efficienza, si potrebbe ridurre il consumo di energia elettrica nelle case almeno del 25% senza dover tornare a leggere con le candele o lavare i panni al fiume. Questo risparmio equivarrebbe a una centrale a carbone o cinque centrali a metano in meno rispetto a quelle oggi in funzione. Spesso gli apparecchi piú efficienti hanno un costo iniziale superiore rispetto a quelli di vecchia generazione, ma il sovrapprezzo viene ammortizzato in pochi mesi spendendo di meno sulla bolletta. Oltre all'uso di apparecchi piú efficienti è comunque necessario lottare contro abitudini poco virtuose che comportano uno spreco di energia. Come vedremo piú avanti, è sufficiente un po' di attenzione per rendere piú leggere le nostre bollette e, di conseguenza, meno inquinata l'aria che respiriamo.

Illuminazione.

L'illuminazione domestica incide per circa il 15% sui costi della bolletta di casa, ma ciò che paghiamo è quasi completamente energia per la produzione di calore e in minima parte per l'illuminazione. Le lampadine tradizionali a incandescenza sono infatti delle ottime stufe e dei pessimi sistemi di illuminazione perché trasformano solo il 3% dell'energia elettrica in luce: il resto è disperso in calore. Questo equivale per ogni famiglia italiana all'emissione inutile di 300 chili l'anno di CO_2.

Lampade fluorescenti a risparmio energetico.

La maniera di consumare meno energia per illuminare case, uffici, scuole, strade e luoghi pubblici è facile come premere un interruttore ma porta un nome difficile: lampade fluorescenti a risparmio energetico. Esse, per fornire la medesima quantità di illuminazione, assorbono un quinto dell'energia richiesta da una lampadina tradizionale.

Come funzionano?

Una lampada fluorescente a risparmio energetico utilizza gli effetti di una scarica elettrica che si sviluppa tra due elettrodi, posti alle estremità della lampada, che eccita vapori di mercurio in bassissima pressione contenuti nel tubo. Questi gas emettono radiazione ultravioletta che viene convertita in luce grazie alle polveri fluorescenti poste sul rivestimento interno del tubo; in tal modo si converte in radiazione visibile quasi il 20% della potenza elettrica assorbita dalla lampada. Le prime lampade a risparmio energetico erano ad alofosfati, ormai superate dalle piú recenti a trifosfori, piú luminose perché imitano i tre colori fondamentali in natura (rosso, verde e blu) e che contengono due terzi in meno di mercurio (5 mg invece di 15 mg).

Quanto durano?

Una lampada fluorescente vive dalle 6000 ore (ad alofosfati) alle 12 000 (trifosfori) contro le 1000 ore di una lampada a incandescenza e le 2000 di una alogena. Le fluorescenti ad alofosfati hanno un consumo leggermente superiore di quelle a trifosfori.

Quanto costano?

Sono piú costose delle lampade tradizionali, in media 12 euro contro un solo euro, ma, ipotizzando un uso di quattro ore al giorno, il sovrapprezzo della lampada è ammortizzato in meno di un anno. Si calcola che per un funzionamento di 10 000 ore una lampada fluorescente da 15 W, che fornisce la stessa quantità di illuminazione di una a incandescenza da 75 W, fa risparmiare piú di 80 euro, cioè circa 600 kWh, che equivalgono a 320 chili evitati di CO_2.

In quali locali della casa installarle?

Le lampade a risparmio energetico usano gli stessi attacchi delle lampade tradizionali, per cui possono sostituirle senza dover cambiare lampadari e supporti per l'illuminazione. Vanno usate dapprima nelle stanze dove la luce rimane accesa per piú ore al giorno: cucina, camera dei ragazzi, stanza adibita a ufficio, soggiorno. Successivamente vanno sostituite le lampadine in bagno, nella stanza degli ospiti e, per ultime, in cantina e garage. Possono essere usate non solo a casa, ma anche negli spazi comuni (scale, camminamenti, giardini), nei negozi, negli uffici, nelle scuole e per l'illuminazione pubblica.

Dove si possono comprare e come si riciclano?

Oramai si trovano in tutti i negozi di elettricità e illuminazionee anche nei supermercati. Il 90% delle lampade fluorescenti può essere riciclato e poiché sono considerate rifiuti speciali vanno raccolte in maniera differenziata e consegnate ai servizi comunali che se ne occupano.

L'esperienza.

Anche per i consumatori non residenziali (scuole, ospedali, negozi, aziende, uffici, etc.) adottare un sistema di illuminazione piú efficiente è un modo semplice e immediato per risparmiare e inquinare meno. GreenLight è il programma attraverso cui l'Unione Europea vuole incoraggiare proprio i consumatori non residenziali di elettricità a impegnarsi a installare nei propri edifici tecnologie d'illuminazione efficienti migliorando allo stesso tempo la qualità dell'illuminazione. Il Programma è stato avviato nel 2000 e finora vi hanno aderito piú di 200 tra enti locali, aziende, musei, aeroporti, stazioni ferroviarie, etc. Quando un partecipante firma l'accordo volontario, si impegna a migliorare i sistemi di illuminazione negli edifici esistenti in almeno il 50% delle aree oppure a ridurre il consumo totale di elettricità per l'illuminazione di almeno il 30%. L'impegno si riferisce alle aree in cui i miglioramenti dell'illuminazione siano economicamente convenienti, con tempi di ritorno massimi di 5 anni. Il programma è di notevole interesse perché, essendo dedicato al mondo industriale, prevede che i tempi di ritorno dell'investimento iniziale siano brevi per veicolare il concetto che il risparmio nell'illuminazione è possibile ed economicamente conveniente: se il tempo di ritorno è di 3-5 anni, allora anche l'industria può pensare di investire proprie risorse. La Commissione non finanzia gli interventi, perché essi si ripagano da soli con i risparmi ottenuti, ma supporta i partecipanti attraverso azioni informative e di pubblico riconoscimento: informazioni su Internet, targhe sull'edificio, azioni promozionali, utilizzo del logo, concorsi/premi, etc. In Italia vari enti locali, Asl, aeroporti, aziende private, centri di ricerca scientifica vi hanno già aderito (l'elenco completo è sul sito www.eu-greenlight.org). La Provincia di Reggio Emilia è uno degli enti locali che partecipano a GreenLight attraverso un progetto di ammodernamento dei sistemi di illuminazione di cinque edifici scolastici. I risultati parlano da soli. Grazie all'installazione di circa 4300 nuove lampade a fluorescenza, la provincia stima di riuscire a risparmiare ogni anno quasi 250 000 kWh (circa 27 000 euro) e a evitare l'emissione in atmosfera di piú di 130 tonnellate di CO_2. Durante i primi quattro mesi del 2005 la riduzione del consumo di elettricità è stata del 41%. La spesa iniziale si recupera in quattro anni e il comfort visivo per studenti e professori risulta notevolmente migliorato rispetto a prima: in molte classi il livello di illuminazione è aumentato anche del 70%. Nelle cinque scuole della provincia coinvolte nel progetto è stata sostituita la maggior parte dei corpi illuminanti e sono stati installati sistemi di dimmeraggio della luce, fotocellule che tramite un sensore misurano la quantità di luce naturale e determinano il livello di luce artificiale tale da garantire un'illuminazione complessiva sufficiente. Il passaggio successivo del progetto GreenLight sarà GreenBuilding, dedicato all'energia consumata per tutto l'involucro edilizio (riscaldamento invernale, raffrescamento estivo, consumi elettrici totali, etc.).

Elettrodomestici: regole generali.

Sul costo complessivo di un elettrodomestico ciò che incide maggiormente è il consumo di energia e non la spesa per acquistarlo e smaltirlo. Questo vale soprattutto nel caso degli elettrodomestici che funzionano in maniera continuativa, come frigorifero e congelatore. La saggezza consiglia quindi l'acquisto di un elettrodomestico con consumi bassi, anche se ha un costo iniziale maggiore. Il consumatore può consultare l'etichetta energetica per effettuare la scelta a lui piú congeniale: la classe di efficienza va da A (consumi bassi) a G (consumi elevati). Per legge devono avere l'etichetta energetica: frigoriferi, lavatrici, lavastoviglie, forni, scaldabagno elettrici, lampadine e condizionatori (con potenze inferiori a 12 kW). Tenere un elettrodomestico fino a quando non esala l'ultimo sospiro (o l'ultimo elettrone...) può comportare uno spreco di energia e un'inutile spesa. Tanto per fare un esempio, i frigoriferi di classe A consumano, in media, anche un terzo di quelli comprati 15 anni fa e possono far risparmiare fino a 60 euro l'anno, 90 euro quelli di classe A++, la classe degli elettrodomestici ultra-efficienti. Come regola generale, si dovrebbe prevedere di cambiare un elettrodomestico comprato prima del 1990.

L'etichetta energetica raccoglie informazioni anche sui livelli di rumore, la capacità (in litri), il consumo in acqua (nel caso di lavatrice e lavastoviglie), la casa costruttrice, etc. Gli elettrodomestici piú efficienti, oltre a far risparmiare energia, consentono di usare meno acqua e detersivo. Per produrre il detersivo è stata utilizzata molta energia e una quantità ancora maggiore di energia è necessaria per smaltirlo se esso non è biodegradabile (per ogni lavaggio in lavatrice il costo del detersivo e dell'energia elettrica consumata sono all'incirca uguali). Frigorifero e televisore sono gli elettrodomestici piú diffusi in Italia: il frigorifero è presente nel 95% delle case italiane e costa circa 137 euro l'anno (27% dei consumi elettrici domestici).

Lavatrice.

- Poiché la maggior quantità di energia viene consumata per riscaldare l'acqua col boiler interno, cerchiamo sul mercato le lavatrici a doppia presa: da una presa entra acqua fredda, dall'altra acqua calda. Questi apparecchi possono essere alimentati direttamente con l'acqua calda prodotta dallo scaldabagno a gas o con i pannelli solari (se lo scaldabagno è elettrico non si ha ovviamente nessun vantaggio). Le lavatrici a doppia presa consentono risparmi in media di circa 50 euro l'anno, ma sono purtroppo ancora rare in Italia: sono prodotte anche in stabilimenti italiani per poi essere vendute nel nord Europa. Un vantaggio in piú della doppia presa è che se non si usano i boiler interni non c'è il rischio di sovraccarico di tensione quando piú elettrodomestici sono in funzione contemporaneamente.
- Evitiamo il prelavaggio, che fa aumentare di un terzo i costi energetici, ma utilizziamo i prodotti antimacchia da applicare direttamente sul capo di biancheria. Invece del prelavaggio, facciamo funzionare la lavatrice per una decina di minuti, arrestiamola per un'ora (in maniera tale che i capi rimangano in ammollo) e facciamola ripartire normalmente.
- I capi di abbigliamento vanno separati in base al grado di sporcizia, al colore e al tipo di tessuto.

• Scegliamo sempre i programmi a temperatura piú bassa possibile: passare dai 90 °C ai 60 °C consente di risparmiare il 30% di energia elettrica; da 90 °C a 40 °C piú della metà. Laviamo a 90 °C solo la biancheria molto sporca (i detersivi sono già attivi a basse temperature).

• Non usiamo una quantità eccessiva di detersivo: il detersivo in eccesso non pulisce di piú ma danneggia i tessuti. Piú l'acqua è dura, piú detersivo bisogna utilizzare per contrastare il calcare: il consumo di detersivo per l'acqua dura (>25 gradi francesi) è doppio rispetto all'acqua dolce (<15 gradi francesi); in questo caso è opportuno installare un addolcitore, che costa circa 100 euro e trattiene il calcare. Strisce-test in vendita dal ferramenta o nei negozi di acquari misurano il grado di durezza dell'acqua.

• Facciamo il bucato a pieno carico: due mezzi lavaggi consumano piú di un lavaggio intero.

• Se possibile, risciacquiamo con acqua fredda: la temperatura dell'acqua non ha nessun effetto su quanto bianco diventa il bucato.

• La lavatrice va posizionata il piú vicino possibile all'allacciamento idrico.

• Puliamo frequentemente il filtro dal calcare e usiamo l'anticalcare a ogni lavaggio. Anche l'aceto bianco è un ottimo decalcificante. Puliamo sia la vaschetta del detersivo, estraendola dalla sua sede e risciacquandola, sia la sede della vaschetta (con uno spazzolino).

• Sole e vento o una stanza calda sono metodi tradizionali ma piú rispettosi dell'ambiente rispetto all'asciugatura elettrica.

Frigoriferi e congelatori.

• Scegliamo frigorifero e congelatore con le dimensioni opportune: per una famiglia di 4 persone è sufficiente un frigo fra i 250 litri e i 280 litri. Naturalmente la scelta dipende dalle abitudini familiari e dalla quantità di alimenti che si intende conservare; tuttavia i consumi mensili di energia aumentano di 10-20 kWh per ogni 100 litri in piú di capacità. Lo stesso discorso vale per il congelatore, che assorbe 10 kWh in piú ogni 100 litri di capacità.

- Preferiamo i modelli di frigocongelatori con due termostati per la regolazione separata del vano frigorifero e del vano congelatore e che consentono di disattivarne uno indipendentemente dall'altro.
- Vanno installati in luoghi aerati lontano da fonti di calore (termosifoni, forni, piastre di cottura, etc.) e da finestre esposte al sole, lasciando almeno 10 centimetri dietro e sopra l'apparecchio.
- Puliamo la serpentina sul retro del frigorifero dalla polvere perché non permette un buon raffreddamento.
- Quando dobbiamo prendere un prodotto, teniamo aperto lo sportello il tempo piú breve possibile.
- Controlliamo che le guarnizioni di gomma della porta siano in buono stato. Se deteriorate, sostituiamole.
- Sbriniamo almeno una volta l'anno l'apparecchio, tranne nel caso dei NO FROST, che sono dotati di un ventilatore che fa circolare in maniera forzata l'aria all'interno dei due vani. Nei NO FROST il congelamento è piú rapido e non si forma la brina sulle pareti, fattori che compensano ampiamente il maggior consumo di energia dovuto alla ventola.
- Teniamo puliti i vani interni passandoli almeno una volta la settimana con una spugna calda senza detersivo.
- La maniera ottimale e piú igienica per scongelare gli alimenti consiste nel trasferirli nel vano frigorifero per sfruttarne la cessione di freddo.
- I prodotti caldi favoriscono la formazione del ghiaccio che, da buon isolante, ostacola la diminuzione della temperatura e l'aumento dei consumi. Perciò, non devono essere introdotti direttamente in frigorifero ma prima bisogna lasciarli raffreddare.
- I congelatori a pozzo, cioè gli orizzontali, consumano anche un quarto meno di quelli ad armadio (verticali) perché sono

meglio isolati e all'apertura dello sportello avviene una minore dispersione di aria fredda. Gli orizzontali, in caso di black-out, conservano gli alimenti anche per 72 ore. Collochiamo il congelatore in cantina o in garage (i luoghi piú freddi della casa).

• Non congeliamo troppi prodotti a temperatura ambiente in una sola volta perché la temperatura dell'apparecchio aumenterebbe eccessivamente (i nuovi alimenti che vogliamo congelare dovrebbero essere al massimo il 10% della capienza). Se si vogliono congelare cibi freschi, suddividerli in piccole porzioni perché, cosí, la congelazione avviene piú rapidamente.

Lavastoviglie.

• Cerchiamo i negozi che vendono lavastoviglie a doppia presa, che purtroppo, come nel caso delle lavatrici, sono ancora poco diffuse da noi.

• Prima del lavaggio rimuoviamo i residui di cibo con un tovagliolo di carta, evitando di usare l'acqua del rubinetto (specie quella calda): si risparmia acqua ed energia lavando i piatti in lavastoviglie piuttosto che a mano.

• Non usiamo mai per la lavastoviglie i detersivi destinati al lavaggio a mano dei piatti e quelli con fosfati, che provocano l'eutrofizzazione delle acque.

• Manteniamo un livello sufficiente di sale rigenerante o sale grosso da cucina, che serve a evitare la formazione di incrostazioni di calcare.

• Preferiamo i programmi rapidi (si risparmia anche la metà dell'energia) e quelli che escludono il prelavaggio. Usiamo il lavaggio intensivo solo quando effettivamente serve, cioè nel caso di stoviglie molto sporche e incrostate; per piatti non molto sporchi il lavaggio rapido è piú che sufficiente.

• Invece di usare l'asciugatura con aria calda, socchiudiamo la porta della lavastoviglie per lasciare che le stoviglie si asciughino all'aria aperta.

• Laviamo i filtri ogni cinque lavaggi per asportare i residui di cibo. Ogni tanto facciamo un lavaggio breve a vuoto e con aceto per eliminare i cattivi odori e i depositi di calcare.

Forno.

• I microonde sono i forni che consumano meno energia: per cuocere un alimento, in media, ne richiedono la metà di un forno elettrico di classe A. Ormai la maggior parte dei forni a microonde in commercio è provvisto del grill, per cui la gamma di ricette che si possono cucinare è quasi equivalente a quella dei forni tradizionali. Si tratta anche della maniera piú veloce per cuocere: bastano pochi minuti per preparare un pollo intero. Non è affatto vero che cucinare al forno a microonde faccia male alla salute, tutt'altro: le microonde non sono ionizzanti e quindi non producono modificazioni alla struttura molecolare degli alimenti. Per risparmiare tempo ed energia quando usiamo il microonde, suddividiamo le grandi porzioni in porzioni piú piccole: si cuociono piú velocemente.

• I forni elettrici sono inefficienti dal punto di vista energetico perché il loro uso necessita di un passaggio in piú: l'elettricità viene usata per generare calore ma per produrla si sono bruciati, in principio, gas, petrolio e carbone per produrre altro calore. L'uso dei forni a gas richiede meno energia perché si evita questo passaggio intermedio, ma ormai in commercio non se ne trovano quasi piú in quanto vengono privilegiati i forni elettrici, considerati piú sicuri. Quelli elettrici consentono anche di regolare con maggiore precisione la temperatura, selezionabile tra i 50 e i 200 °C (i forni a gas non scendono mai sotto i 130 °C ma possono arrivare anche a 250 °C). Tra i forni elettrici vanno preferiti quelli ventilati, dotati di una ventola che crea una circolazione forzata di aria calda per una cottura piú rapida e uniforme e quelli che possono cuocere anche a vapore: ottimi per grandi quantità di alimenti, funzionano a temperature medio-basse e sono molto rapidi. Da evitare il preriscaldamento e l'apertura delle porte durante la cottura. I forni elettrici di classe A consumano anche tre volte meno rispetto a quelli di classe F.

• Limitiamo l'uso del forno (elettrico, a gas o a microonde) e preferiamo i cibi freschi a quelli che devono essere cotti.

• Spegniamo il forno (elettrico e a gas) una decina di minuti prima della fine della cottura, che sarà terminata dal calore residuo.

• Teniamo il forno (elettrico e a gas) lontano dal frigorifero e dal congelatore. Puliamolo dopo ogni cottura per togliere i residui di cibo. Controlliamo che le guarnizioni siano in buono stato e che le fessure per la ventilazione non siano ostruite.

Non usiamo l'elettricità per cuocere o scaldare l'acqua.

Come nel caso dei forni elettrici, le piastre elettriche sono inefficienti in termini energetici perché prevedono un passaggio in piú rispetto alle piastre a gas (a ogni passaggio una buona parte di energia viene dispersa e non può piú essere sfruttata utilmente). Lo stesso discorso vale per lo scaldabagno elettrico, il cui uso incide per il 40% sulla bolletta di chi lo possiede. Se proprio non vogliamo sostituirlo con uno a gas o con i pannelli solari termici (produzione di acqua calda tramite il sole: vedi cap. 3), accendiamoli una o due ore prima dell'utilizzo e facciamoli funzionare solo per il tempo necessario grazie a un timer. Infine, programmiamoli affinché non superino i 55 °C.

Condizionatore.

Gli italiani hanno scoperto solo da pochi anni i condizionatori d'aria: fra il 2002 e il 2003 ne sono stati venduti almeno due milioni per una potenza di oltre 5000 MW e ormai il 15% delle 20 milioni di abitazioni italiane sono climatizzate. L'utilizzo contemporaneo di quattro condizionatori su cinque fra quelli comprati in un solo anno equivale alla produzione di elettricità di quasi quattro centrali a metano (circa 2200 MW). Come spiegheremo nel prossimo capitolo, esistono svariati modi naturali per assicurare il comfort degli interni anche nelle estati piú roventi. Per ora ci limitiamo a ricordare che un condizionatore d'aria in uso anche solo 4 ore al giorno per due mesi e mezzo costa in bolletta piú di 100 euro e che il suo uso può essere evitato grazie a una progettazione corretta degli edifici, come succede in Svizzera, dove l'autorizzazione a installare condizionatori è subordinata all'ottimizzazione dell'involucro abitativo tramite sistemi ombreggianti, l'isolamento dei tetti e delle pareti, i vetri a bassa emissività. Se proprio non possiamo fare a meno del condizionatore, come regola generale manteniamo una differenza di temperatura con l'esterno che per il nostro organismo non provochi uno sbalzo eccessivo. Per legge questa differenza non dovrebbe superare i 6 °C. Ricordiamo di pulire regolarmente il filtro.

Usiamo il sole per produrre elettricità.

Installiamo sul tetto della nostra abitazione (casa unifamiliare o condominio) i pannelli solari fotovoltaici, che producono energia elettrica captando la radiazione solare. Benché i pregi dei pannelli solari siano evidenti e il nostro paese abbia la fortuna di essere per eccellenza fra i piú baciati dal sole, l'Italia in questo settore non è ancora ai livelli di Germania, Giappone e Stati Uniti. I pannelli solari durano per diversi decenni (sono garantiti 25 anni ma certe aziende affermano che i loro prodotti possono funzionare senza cali significativi della potenza anche per cento anni), producono energia elettrica gratis e non inquinano, ma nel 2004 in Germania sono stati installati 100 volte piú pannelli fotovoltaici che da noi. Il freno allo sviluppo su vasta scala di questa tecnologia è il costo iniziale: un impianto da 3 kW, sufficiente per una famiglia di quattro persone, costa circa 20 000 euro e occupa una superficie di almeno 20 m^2, ma ci sono sovvenzioni a carattere statale e regionale che permettono di ammortizzare il costo iniziale già nel giro di 8-10 anni. Poi, si produce energia elettrica in maniera gratuita. Un impianto può essere collegato alla rete elettrica, ma può anche rappresentare un'intelligente opzione per le abitazioni isolate, come le baite e i rifugi in montagna. Il fotovoltaico ci protegge in caso di black-out: in occasione del celebre guasto che ha paralizzato lo stivale nel settembre del 2003, coloro che avevano installato i pannelli solari fotovoltaici quasi non se ne accorsero. Se intendiamo comprare un impianto solare chiediamo consiglio a un installatore qualificato e ricordiamo che prevedere un impianto fotovoltaico in fase di progetto è piú semplice e meno costoso che farlo su un edificio già esistente.

Batterie? Si, ma solo se ricaricabili.

Preferiamo sempre l'uso dell'elettricità proveniente dalla rete elettrica piuttosto che quella delle batterie, che contengono metalli pesanti, come il piombo, che devono essere smaltiti in maniera apposita per evitare danni all'ambiente. Nel caso di elettrodomestici a batteria, usiamo batterie ricaricabili (le batterie vanno ricaricate unicamente col relativo caricabatteria e sono ormai in commercio in tutti i negozi di elettricità).

La scienza bussa alla porta di casa...

Domotica è un neologismo che farà sempre piú capolino nelle nostre case. Con questo termine si intende l'insieme delle tecnologie che consentono di collegare fra loro tutti i dispositivi di casa (elettrodomestici, impianto luci, porte, finestre, antifurto, etc.) per programmarli in anticipo e comandarli a distanza (via telefono o internet) al fine di aumentare il comfort domestico e ridurre i consumi. Si stima che grazie all'uso di tecnologie domotiche, come i sensori di presenza che accendono luci e riscaldamento di una stanza solo se occupata, si potrà risparmiare almeno il 30% fra elettricità e riscaldamento. Le case domotiche sono in media piú costose di quelle tradizionali, ma il futuro dell'edilizia va senza dubbio in questa direzione (e i costi per il loro acquisto tenderanno a diminuire).

Stop ai piccoli sprechi.

• Pigiamo ... sull'interruttore. Prendiamo l'abitudine di spegnere luci ed elettrodomestici se non servono a nessuno.

• No ai lampadari centrali. Una lampada grande è piú efficiente di tante lampadine piccole, per cui evitiamo i grandi lampadari centrali a piú lampadine. Al loro posto usiamo una lampada centrale piú potente. Preferiamo l'impiego di luci dirette ed evitiamo piantane e faretti che richiedono lampadine molto potenti perché una parte della luce prodotta viene assorbita dalle pareti.

• Stand-by. Otto euro per apparecchio ogni anno: è quanto costa alle famiglie italiane in media la lucina rossa degli elettrodomestici, lasciata accesa per un'attivazione tanto veloce quanto energivora. In Italia il 50% dell'elettricità usata per la tv è sprecata a causa dello stand-by ed è una buona abitudine spegnere completamente l'apparecchio quando non lo utilizziamo piú.

• Computer. Attiviamo la funzione di risparmio energia per il computer, che serve ad annerire lo schermo in caso di inattività (regolabile dal pannello di controllo) e preferiamo i monitor a cristalli liquidi (LCD), che consumano meno di quelli con tubo catodico.

• Facciamo muovere le gambe, non gli elettroni. Usiamo il meno possibile le macchine che sfruttano energia elettrica (ascensore, tapis roulant, scale mobili, etc.) e preferiamo l'uso delle gambe (anche a beneficio della nostra salute).

• Stacchiamo il carica batteria dalla presa dopo aver ricaricato il cellulare.

Una piccola azione tanto per iniziare.

• La prossima volta che dovremo cambiare la luce in una stanza, chiediamo consiglio al negoziante su quale lampada fluorescente a efficienza energetica è piú indicata e calcoliamo quanta energia risparmieremo (e di quanto si alleggerisce la nostra bolletta).

• Se passiamo davanti a un negozio di elettrodomestici, chiediamo se vengono vendute lavabiancheria e lavastoviglie a doppia presa. Se questo è il caso, facciamolo sapere ai nostri amici e conoscenti.

Parole chiave del capitolo

Lampade fluorescenti: finalmente anche l'illuminazione diventa efficiente.
Etichetta energetica: il biglietto da visita (obbligatorio) di elettrodomestici e lampadine.
Classe A: la classe degli elettrodomestici che dobbiamo preferire.
Stand-by: veloce l'accensione, veloce è lo spreco.
Fotovoltaico: il sole ci dà una mano a produrre elettricità.
Domotica: comandare a distanza la casa per risparmiare energia.

Ricordiamoci che...

Un impianto fotovoltaico di 20 metri quadri da 3 kW che funziona per 20 anni consente di evitare l'emissione di 10,8 tonnellate di CO_2 a Torino e di 14 tonnellate a Palermo.

Capitolo terzo

Proteggere la casa dal caldo e dal freddo

Nove piani, trentasei appartamenti, un volume di diecimila metri cubi, un isolamento pessimo di finestre, tetto e pareti perimetrali. È l'identikit del tipico mostro «mangiaenergia» che affolla gran parte dei panorami delle città italiane, costruito tra gli anni Cinquanta e l'inizio degli anni Settanta, cioè quando ci si poteva permettere il lusso di sprecare petrolio: tanto, costava cosí poco... Edifici con queste caratteristiche richiedono quantità smodate di combustibile per essere riscaldati: 12 litri di gasolio l'anno al metro quadro a Milano e 7 litri a Roma. Dove il clima è piú mite, come a Palermo, solo 4 litri (i due terzi del combustibile per riscaldamento in Italia vengono consumati da Bologna in su). Le conseguenze sull'inquinamento dell'aria sono presto quantificate. Un appartamento di 100 m^2 di Milano in uno stabile-mostro è responsabile dell'emissione di 3600 chili di CO_2 e si stima che circa un terzo dell'inquinamento invernale dei centri abitati sia provocato dal riscaldamento domestico, responsabile dell'emissione di circa un quinto del PM10 (le particelle con un diametro inferiore ai 10 μm) in una città come Milano. In realtà, gran parte del combustibile non è bruciato per rendere piú calde, accoglienti e confortevoli le case del «mostro», ma per sopperire alle perdite di energia: in taluni casi si arriva anche al 50% di spreco. Secondo i dati di Eurima, l'associazione europea delle aziende dell'isolamento, l'Italia è prima in Europa per perdite di energia nelle abitazioni attraverso tetti, pareti perimetrali e finestre (il 17,5% dell'energia sprecata nelle case europee è dovuta proprio a quelle italiane) ed è penultima per spessore dei materiali che isolano le abitazioni: solo in Belgio le case sono piú colabrodo. Da noi la media dello spessore dell'isolamento delle mura perimetrali e dei tetti non è aumentata dal 1982 a oggi e per produrre l'energia persa da edifici male isolati si emettono circa 86 000 tonnellate di CO_2.

In realtà non ci vorrebbe molto per trasformare il brutto edificio-mostro in un palazzo piú rispettoso dell'ambiente: adottando regole base dell'isolamento si abbatte quasi della metà il consumo negli edifici piú malridotti. Per far questo basterebbe applicare le leggi italiane ed europee in materia che, purtroppo, non vengono fatte rispettare. Fanno eccezione alcune amministrazioni locali. Prima fra tutte, la Provincia autonoma di Bolzano che impone un consumo inferiore a 7 litri di gasolio per metro quadro l'anno per le nuove costruzioni e per le abitazioni ristrutturate: quanto consuma un edificio male isolato... a Roma. A Bolzano gli edifici piú efficienti sono contraddistinti dal marchio di qualità «CasaClimapiú». Essi consumano solo 3 litri di gasolio al metro quadro l'anno e garantiscono comfort e qualità abitativa elevati con tempi di ritorno dell'investimento iniziale di qualche anno (massimo una decina per le ristrutturazioni piú spinte). Queste case utilizzano spesso energie rinnovabili, come quella del sole, per scaldare l'acqua, e anche se non siamo in Sicilia, terra soleggiata per eccellenza ma in Trentino - Alto Adige, regione del nord, si sfrutta in maniera massiccia l'energia del sole!

Facciamo l'acqua calda col sole.

Il 20% dell'energia consumata nelle case italiane serve per scaldare l'acqua (il 60% dell'energia domestica è consumata per alimentare l'impianto di riscaldamento) e come combustibili vengono usati metano, gasolio e prodotti legnosi come cippato e pellets. E anche l'energia elettrica. Come abbiamo descritto nel capitolo due, scaldare con l'elettricità è un doppio spreco di energia, ma in Italia sono ancora in funzione circa 8 milioni di scaldabagni elettrici (sono usati dal 40% delle famiglie del sud Italia e delle isole) e ciascuno di essi costa in bolletta circa 500 euro l'anno. Per scaldare la natura ci regala una fonte di energia gratuita, pulita e disponibile ovunque che sembrerebbe da stolti non utilizzare (ma in realtà avviene proprio questo): l'energia del sole. Da molti anni abbiamo imparato a utilizzarla in maniera efficiente per scaldare l'acqua grazie ai pannelli solari termici (da non confondere con quelli fotovoltaici, che servono per produrre energia elettrica): ecco qualche notizia in piú su di essi.

Che cosa sono i pannelli solari termici?

Questi dispositivi producono acqua calda per gli usi sanitari delle famiglie (bagno, cucina, lavatrice, lavastoviglie), per il riscaldamento domestico, per piscine e collettività (centri sportivi, ospedali, alberghi, etc). Nei pannelli solari termici la radiazione del sole scalda una miscela di acqua e antigelo che circola in una serpentina, la quale, a sua volta, attraversa un serbatoio in cui è contenuta l'acqua che viene riscaldata. Il processo avviene per scambio di calore con il fluido della serpentina.

Quanta energia producono?

Alle nostre latitudini, cinque metri quadri di pannelli solari termici soddisfano in un anno almeno i due terzi del fabbisogno di acqua calda sanitaria di una famiglia di quattro persone: nei sei mesi piú caldi la disponibilità di acqua calda è superiore a quanto se ne consuma. Per fornire il fabbisogno rimanente di energia nei mesi freddi è necessario un sistema integrativo di tipo tradizionale, come una caldaia a metano o a biomasse. Se si prevede di installare un impianto già in fase di costruzione dell'edificio si riducono i costi di almeno un terzo rispetto a quanto si spenderebbe per l'installazione su un edificio già esistente e, in media, si incide per un massimo del 5% sui costi totali. Sono particolarmente indicati ai bisogni energetici delle famiglie che abitano in case mono e bifamiliari, ma possono anche essere installati sui tetti dei condomini nelle grandi città nel caso in cui il sistema di produzione di acqua calda sia centralizzato. In genere si dimensiona l'impianto in maniera tale da fornire il 100% di energia per il riscaldamento dell'acqua sanitaria nei mesi estivi: questo corrisponde in Italia a circa 0,8 m² a persona nelle regioni del sud e 1,2 m² per persona in quelle del nord. Se il solare viene utilizzato anche per il riscaldamento, si moltiplicano queste dimensioni indicativamente per un fattore 2 al sud e per un fattore 3 al nord. Un impianto per la produzione di acqua calda sanitaria di 5 m² con un serbatoio di accumulo da 400 litri costa circa 4000 euro, compresa l'installazione, la manodopera e l'Iva. Un impianto di 15 m² e 1000 litri di serbatoio che contribuisce anche al riscaldamento costa circa 10 000 euro. Ricordiamo che esistono sovvenzioni regionali e statali che arrivano fino al 25-30% della spesa complessiva e agevolazioni fiscali, come detrazioni Irpef e riduzioni Iva. Considerando anche questi aiuti, la spesa per un impianto solare termico si ammortizza in circa 4 anni se sostituisce una caldaia elettrica, in circa 8 anni se ne sostituisce una a gas. Dopodiché si produce energia gratis e si spendono per la manutenzione al massimo 100 euro l'anno. Un impianto dura almeno una trentina d'anni: non è dunque difficile comprenderne il vantaggio.

Anche per riscaldare la casa?

Sí, i pannelli solari possono riscaldare la casa se invece dei termosifoni si usano i pannelli radianti sotto il pavimento (vedi piú avanti in questo capitolo), sistema di riscaldamento che richiede temperature dell'acqua in circolazione non superiori ai 35 °C contro i 60-70 °C dei normali termosifoni. D'inverno i pannelli solari portano la temperatura dell'acqua a 40-45 °C e si calcola che possono contribuire anche al 30% al fabbisogno di acqua calda per il riscaldamento domestico se si usano i pannelli radianti.

Dove si installano di piú?

In Europa nel 2003 sono stati installati 1,4 milioni di m^2 di pannelli termici, il 25% in piú rispetto all'anno precedente, per un totale di 12 milioni di m^2. Questo significa che piú di due milioni fra nuclei famigliari e collettività (alberghi, piscine, etc.) hanno installato dei pannelli solari termici. Piú di un terzo degli impianti sono installati in Germania, dove il solare ha trovato terreno fertile in una cultura sensibile alle tematiche ambientali. La Grecia, dove il pannello solare è considerato una vera e propria apparecchiatura domestica, come il televisore e la lavastoviglie, insieme a Germania e Austria rappresentano quasi l'80% del mercato del vecchio continente. L'obiettivo dell'Unione Europea è di arrivare a 100 milioni di m^2 nel 2010, l'equivalente di quasi 800 campi da calcio uno vicino all'altro. Il mercato del solare termico si sta sviluppando velocemente anche fuori dai confini europei, in paesi grandi e piccoli: la Cina costituisce il primo mercato mondiale con piú di 5 milioni di metri quadri installati ogni anno e in Israele l'80% degli edifici residenziali è dotato di impianti solari termici.

E l'Italia?

Il nostro paese ha un potenziale enorme: un impianto solare permetterebbe di risparmiare fino all'80% dell'energia necessaria per fornire acqua calda sanitaria e dal 15 al 30% di quella per il riscaldamento domestico. In Italia, però, sono installati solo 9 m^2 di pannelli ogni 1000 abitanti, contro i 320 dell'Austria e i 280 della Grecia, ben magro risultato per un paese baciato dal sole come il nostro. Le ragioni del nostro passo da lumaca sono molteplici: poca attenzione da parte delle istituzioni pubbliche, scarsa sensibilità ambientale degli italiani, un mercato che una ventina di anni fa è partito col piede sbagliato per poi riprendersi solo alla fine degli anni Novanta con tassi di crescita discreti ma ben lontani da quelli dei paesi leader. Meno che male che c'è il Trentino - Alto Adige, regione che le carte geografiche ci suggeriscono essere piú vicina a Vienna che a Siracusa: oltre la metà del solare termico italiano è installato in questa regione, 250 000 m², di cui 200 000 in provincia di Bolzano e 50 000 in quella di Trento.

L'esperienza.

Ci sono comunque italiani che, per nulla scoraggiati dalla mancanza di supporto da parte delle istituzioni e col rischio di essere guardati come dei marziani, decidono lo stesso di investire sul sole. È il caso di Giancarlo, che ha installato sul tetto della propria abitazione monofamiliare di Acquatica del Capo, in provincia di Lecce, un impianto solare da 4 m² per sostituire un vecchio scaldabagno elettrico.

> Ho deciso di installare un impianto solare innanzitutto per una questione di principio. Sono stato recentemente in Grecia. Molti italiani considerano questo un paese piú arretrato del nostro sotto diversi aspetti, ma mi sono sorpreso a vedere sul tetto di quasi ogni casa greca i pannelli solari per produrre acqua calda. Io, da parte mia, ho la fortuna di vivere in una zona in cui il sole, anche nelle giornate invernali, certo non manca e non sfruttarlo mi è sempre sembrato un grosso peccato. Allora, tornato a casa, mi sono chiesto: perché non installare anche qui in Puglia il solare come fanno in Grecia? Detto, fatto. Mi sono informato, ho trovato un installatore in gamba e la procedura si è svolta con la massima semplicità e con un fastidio ridotto al minimo: adesso ho il piacere di produrre da me l'energia che consumo. Oltre al fattore ambientale, il solare ha anche un significato economico: facendo due conti mi sono reso conto che in pochissimi anni ammortizzo la spesa iniziale per l'acquisto dei pannelli e poi mi produco energia a costo zero. Penso che risparmiare energia e non sprecare quella prodotta dagli idrocarburi debba essere un impegno di tutti. Consiglio assolutamente di installare gli impianti solari termici, specie da noi al sud: qui il sole è una ricchezza che viene buttata via in maniera insensata. Abbiamo la fortuna di veder splendere il sole praticamente tutti i giorni dell'anno, anche in inverno: non utilizzarlo è veramente da incolti. Dovremmo tutti orientarci verso il solare, energia pulita, naturale e a costo zero. Se non lo usiamo significa proprio che siamo rimasti all'età della pietra.

Qual è la temperatura ideale in casa?

• La temperatura media ottimale di una abitazione dovrebbe essere di 18 °C, un po' piú bassa nelle camere da letto e in cucina (intorno ai 16 °C) e piú elevata in bagno (circa 20 °C). In genere il bagno è piccolo e quindi si consuma poca energia per riscaldarlo. A norma di legge dovrebbe essere in tutto l'appartamento inferiore ai 20 °C.

• Se in casa, durante l' inverno, andiamo in giro in maglietta e sudiamo vuol dire che stiamo sprecando energia. Abbassiamo il riscaldamento e mettiamo un maglione in piú. Se tutti gli italiani riducessero di un solo grado la temperatura delle proprie abitazioni, ogni anno si risparmierebbero almeno tre milioni di tonnellate di anidride carbonica e quasi un euro al metro quadro in spese di riscaldamento.

• Applichiamo ai termosifoni le valvole termostatiche, che regolano con esattezza la temperatura desiderata delle stanze ed evitano di farci «bollire» o «congelare». Costano circa 25 euro l'una, ma possono far risparmiare anche il 20% di energia.

• Spegniamo il riscaldamento se stiamo fuori casa per piú di una settimana. Per periodi di tempo piú brevi è opportuno tenere acceso il riscaldamento abbassandolo al minimo: si consumerebbe piú energia per portare alla temperatura di comfort l'intera abitazione.

• Per aerare una stanza in inverno, abbassiamo il riscaldamento e apriamo la finestra per un massimo di dieci minuti.

Come ridurre le dispersioni?

Tetto, pareti perimetrali e finestre sono gli elementi da isolare per non sprecare combustibile: è da essi che si perde il calore (o che il freddo entra). Una casa ben isolata gode di una temperatura uniforme e confortevole in inverno, non è soggetta alla creazione di condensa su pareti e soffitti ed è protetta dal calore eccessivo in estate. Il potenziale di risparmio in Italia è elevatissimo: come abbiamo già accennato, siamo penultimi in Europa per spessore dei materiali isolanti e con semplici tecniche di isolamento sarebbe possibile risparmiare in taluni casi anche il 25% di combustibile. Per isolare le nostre case usiamo materiali naturali (canapa, lana di vetro o cellulosa) e dopo ogni intervento calibriamo l'impianto di riscaldamento in funzione dei nuovi consumi. La manodopera e l'installazione hanno lo stesso costo sia che si tratti di un basso o di un alto spessore di isolamento: è piú conveniente installare un alto spessore e il costo aggiuntivo del materiale viene ammortizzato in pochi anni grazie al risparmio di combustibile. Ricordiamo che esistono delle agevolazioni fiscali, come detrazioni Irpef e riduzioni Iva, per chi effettua interventi di ristrutturazione, manutenzione e recupero dell'edilizia residenziale.

Tetto.

È da qui che fuoriesce la maggior parte del calore. Una copertura in buono stato è asciutta, non lacerata e deve aver conservato il suo spessore iniziale. Va controllata dopo una decina di anni da quando è stata collocata. Il solo intervento di isolamento del tetto fa risparmiare anche il 6% di combustibile rispetto a una casa non isolata. In realtà il risparmio è quasi sempre superiore. Infatti, accade spesso che, a causa di una non corretta progettazione del sistema di riscaldamento, la temperatura degli appartamenti dell'ultimo piano sia piú bassa dei canonici 18 °C. Si è perciò costretti ad aumentare la produzione di calore per portarla intorno ai 18-20 °C, con la sgradevole conseguenza che ai piani intermedi si raggiungono spesso temperature ben superiori ai 20 °C. Grazie all'isolamento del tetto, la temperatura dell'ultimo piano è quella ideale senza la necessità di forzare l'impianto di riscaldamento e si risparmia cosí, in media, un ulteriore 12%. In totale si arriva a un risparmio che può toccare anche il 20%, unito a una consistente redditività dell'investimento, talvolta addirittura del 30% annuo. Un semplice intervento consiste nell'applicazione di lana di vetro da 12 cm nel sottotetto di tipo non praticabile, tipico tetto dell'edificio mostro di cui si parlava all'inizio del capitolo. La lana di vetro è un isolante ecologico e naturale e, nonostante sia tra i piú utilizzati nel mondo, è poco conosciuto e scarsamente utilizzato nel nostro paese. Un altro semplice intervento è posare il materiale isolante sul soffitto dell'ultimo piano, intervento che non richiede l'approvazione del condominio. Negli altri casi, è opportuno rivolgersi a un installatore esperto.

Pareti esterne.

Gli spessori dei materiali adottati in Italia per isolare le pareti esterne sono fra i piú bassi in Europa: in media 5 cm, contro i 10 di Regno Unito e Germania, gli 11 della Francia e i 20 dei paesi scandinavi (Norvegia, Svezia e Finlandia). L'isolamento delle pareti esterne può essere effettuato in tre modi: 1) dall'interno; è il metodo meno costoso e può essere fatto in «fai da te». Provoca una diminuzione dello spazio abitabile e necessita della rimozione di prese e interruttori della corrente elettrica e dei termosifoni. Se l'isolante deve fare anche da muro dove mettere i chiodi, si può usare un materiale in fibra di legno da intonacare; 2) dall'esterno; è il metodo da adottare, col cosiddetto cappotto, quando si rifà la facciata dell'edificio; 3) nell'intercapedine; viene effettuato all'esterno dell'edificio da tecnici specializzati che creano dei piccoli fori nelle pareti e riempiono l'intercapedine con materiale isolante.

Finestre.

Per evitare le fughe di energia dalle finestre vanno usati i doppi vetri, al cui interno è presente una camera d'aria che rallenta lo scambio termico con l'esterno. In commercio esistono anche tripli vetri, ancor piú efficaci, e vetri che utilizzano gas piú pesanti e isolanti dell'aria, come l'argon. Esistono anche vetrate su cui sono depositate sostanze a bassa emissività, cioè che riducono l'irraggiamento, il fenomeno per cui il calore si trasmette anche a distanza tramite l'emissione di onde elettromagnetiche. Grazie ai vetri a bassa emissività, la quantità di energia solare che entra dalle finestre supera la quantità di energia persa attraverso di esse e diminuisce ulteriormente il fabbisogno di combustibile. L'energia persa attraverso le finestre nel caso di vetro singolo equivale a un'emissione di CO_2 di 141 kg al metro quadro di vetro l'anno. Nel caso dei vetri doppi questo valore è di 22 kg di CO_2 al metro quadro, mentre nel caso dei vetri doppi a bassa emissività non si perde ma si ha addirittura un guadagno netto di energia attraverso le finestre con un risparmio di 13 kg di CO_2 non emessa in atmosfera. In Italia almeno un quinto della quantità di gas serra emessi per riscaldare le abitazioni (circa 60 milioni di tonnellate) potrebbe essere risparmiato grazie a questi speciali vetri. Facciamo attenzione anche a isolare il cassonetto della tapparella. In commercio si trovano cassonetti isolati: la sostituzione ha un costo alquanto limitato e consente di risparmiare anche il 10% di energia.

Meglio riscaldamento autonomo o centralizzato?

Il riscaldamento centralizzato è piú conveniente di quello autonomo per motivi di efficienza (la combustione avviene in un solo punto invece che in tutte le abitazioni del palazzo), di sicurezza e di opportunità tariffarie: con la liberalizzazione del mercato energetico la tariffa è commisurata al consumo. Ormai anche se il riscaldamento è di tipo centralizzato è possibile avere la flessibilità di esercizio che rende attraente le caldaiette autonome, cioè il fatto che l'utente può regolare in maniera indipendente la temperatura della propria abitazione. Questo avviene grazie alle valvole termostatiche e alla contabilizzazione individuale dei consumi coi sistemi moderni di ripartizione, che si possono applicare anche ai vecchi impianti a colonne montanti. La caldaietta autonoma va privilegiata in edifici piccoli (due o tre piani) o quando è alquanto complicato il lavoro di ristrutturazione per installare un impianto centralizzato di riscaldamento.

Quale impianto di riscaldamento scegliere?

• Una caldaia a condensazione, che raggiunge le migliori efficienze fra tutti i sistemi di produzione di calore, abbinata a un impianto solare termico. Le caldaie a condensazione sono nate come applicazioni di media grandezza da condominio, ma oramai sono realizzate anche nella versione di caldaietta autonoma e vengono già installate di norma nelle nuove costruzioni (non purtroppo il solare).

• Il gas metano e le biomasse sono meno inquinanti del gasolio, che è un derivato del petrolio. È stata proprio la sostituzione di gasolio, carbone e prodotti petroliferi con il gas metano per la produzione di energia elettrica (nelle centrali elettriche) e di calore (negli impianti di riscaldamento) che ha ridotto negli ultimi anni la produzione di sostanze inquinanti responsabili delle piogge acide.

• Se un impianto è in funzione da diversi anni, indicativamente piú di 20 anni, è consigliabile contattare un terzo responsabile affinché ne misuri il rendimento e valuti se non sia opportuno sostituirlo con uno nuovo. Una caldaia a carbone va assolutamente cambiata.

• Ricordiamo che l'impianto deve essere proporzionato al fabbisogno termico dell'edificio: impianti troppo grandi comportano inutili sprechi e costi supplementari.

• Isoliamo i tubi scoperti del riscaldamento che si trovano in cantina: è sufficiente un isolante spesso 2 cm.

• In commercio esistono additivi, come la resina acrilica, che modificano le proprietà termiche dei fluidi caldi e riducono le dispersioni di calore nei tubi dove circola l'acqua calda, soprattutto nei vecchi impianti in cui i tubi non sono isolati. In questa maniera si risparmia anche il dieci per cento di combustibile nei vecchi impianti.

In che modo riscaldare la propria abitazione?

Il sistema di riscaldamento piú efficiente è quello a pannelli radianti, molto diffuso nel nord Europa, accoppiato a impianti di produzione di calore ad alta efficienza, come le caldaie a condensazione e i pannelli solari termici che assicurano alte prestazioni anche a basse temperature dell'acqua. Nei sistemi a pannelli radianti l'acqua transita in una serpentina posta nel massetto sotto il pavimento (il massetto è lo strato di materiale che ingloba le tubazioni) a temperature di soli 30-35 °C contro i 60/70 °C dei normali termosifoni, richiedendo quindi minori quantità di combustibile. L'uso dell'acqua a bassa temperatura evita problemi di risalita di polveri e di alterazione dei materiali in cui è annegata la serpentina. Un altro vantaggio consiste nella maggiore uniformità di riscaldamento della stanza rispetto ai sistemi tradizionali e un comfort maggiore. Bisogna fare attenzione a non far funzionare i pannelli radianti con acqua a temperature troppo elevate, come si faceva negli anni Sessanta per compensare le grandi perdite di energia in edifici mal isolati. La temperatura troppo elevata dell'acqua produceva gonfiori alle gambe e rendeva le abitazioni, in genere, poco confortevoli. Soprattutto nel caso di grandi superfici (stabilimenti, uffici, ospedali, etc.), il sistema non deve essere spento completamente di notte, ma solamente abbassato: i pannelli radianti hanno una inerzia termica maggiore rispetto ai termosifoni, per cui impiegano alcune ore a portare a una temperatura di comfort l'intero edificio. Se la superficie del pavimento non bastasse o i muri fossero piú alti dei canonici 3 metri oppure non si volesse intervenire sul pavimento, si può pensare di installare i pannelli a muro. Un'altra soluzione consiste nei sistemi a battiscopa, che hanno ingombri molto limitati e possono essere un'alternativa ai pannelli radianti quando non si vuole rifare il pavimento. In commercio esistono innumerevoli soluzioni: materiali plastici di vario tipo, forme diverse, varianti in cui non si hanno i singoli tubi ma una specie di tappeto in cui circola l'acqua. Il pannello radiante si presta anche al parziale raffrescamento estivo.

Come fare, però, se in casa si hanno i vecchi caloriferi?

Caloriferi.

- Se il sistema di riscaldamento è quello tradizionale a caloriferi, questi vanno utilizzati in maniera tale da garantire una buona movimentazione dell'aria calda ed evitare le dispersioni. Quindi non vanno collocati in nicchie o vicino alle finestre. Devono essere lasciati scoperti: niente mensole o copricaloriferi.
- Devono essere sfiatati regolarmente perché l'aria presente nel circuito riduce l'efficienza del corpo riscaldante facendo crescere il fabbisogno di energia.
- Fra il calorifero e la parete va inserito uno strato isolante con superficie metallica che rifletta il calore. Può essere acquistato in un qualunque negozio di «fai da te».
- Una conseguenza negativa dei caloriferi è che rendono l'aria piú secca e povera in ossigeno e diffondono nell'ambiente la polvere che vi si deposita. Per questo motivo devono essere puliti regolarmente.

Condizionatore? No, grazie...

- Le tecniche di isolamento di finestre, tetti e pareti perimetrali descritte in precedenza proteggono anche dal caldo eccessivo. Se il locale non è dotato di aria condizionata, il materiale isolante riduce il flusso di energia entrante e il comfort è garantito dall'uso dei ventilatori, che muovono l'aria interna, e dalla ventilazione notturna: bisogna aprire le finestre di notte, quando avviene l'inversione termica e tutto il calore accumulato di giorno viene dissipato (il problema in città è il rumore). Talvolta, malgrado l'isolamento, si è costretti a installare un impianto di condizionamento. La temperatura interna risulta allora inferiore a quella esterna e si sviluppa un flusso di calore entrante che viene limitato dall'isolamento della parete.

• Per ridurre il surriscaldamento dei muri perimetrali esterni degli edifici possiamo rinverdire le facciate, intervento che rinfresca in estate e riscalda in inverno. Le pareti degli edifici esposte al sole nelle ore pomeridiane in estate possono raggiungere temperature anche di 50/60 °C e in inverno −10 °C e grazie al verde questi valori possono essere, rispettivamente, di 30 °C e −5 °C. In estate le piante assorbono anche i due terzi della radiazione solare e disperdono nell'ambiente acqua sotto forma di vapore. Scegliamo essenze a foglie caduche, che rinfrescano d'estate e non bloccano i raggi del sole in inverno. Molto indicati l'edera e il glicine (vivono a lungo e non hanno bisogno di cure); da evitare le piante esotiche e quelle che non fanno parte della nostra vegetazione e che quindi si adattano a fatica ai nostri climi.

• Se abbiamo un balcone o un terrazzo sufficientemente grandi o abitiamo in una casa con giardino, creiamo una veranda. Le verande, dette anche serre solari (da non confondere con le serre da coltivazione), sono strutture che si aprono verso l'esterno grazie a vetri removibili e pannelli scorrevoli e consentono la ventilazione naturale, cioè l'espulsione verso l'esterno dell'aria calda in estate, giocando cosí il ruolo di cuscinetto tra interno ed esterno della casa. Rinverdiamo le verande con piante che ombreggiano le finestre e assorbono calore. Le verande vanno collocate verso sud (in linea di principio, l'angolo rispetto alla direzione sud può arrivare fino a 40°). Devono avere doppi vetri per evitare fughe di calore in inverno ed essere provviste di tende e veneziane per schermare il sole estivo.

• Fra le tecniche per raffrescare in modo passivo le aree urbane, ricordiamo l'uso della vegetazione; l'ombreggiatura; il movimento dell'aria favorito da opportune configurazioni dei palazzi; tetti e facciate chiare (come le case dipinte di bianco delle isole greche suggeriscono).

Cambiamo casa? Ecco come sceglierla.

- Verde in zona. Non acquistiamo una casa in un quartiere dove c'è solo cemento e il verde è minimo. Si calcola che una piazza alberata a forma di quadrato di 100 metri di lato traspiri fino a 50 000 litri di acqua al giorno e assorba piú di 30 milioni di calorie che sarebbero altrimenti assorbite dagli edifici.
- Da che parte guarda la casa? Un'orientazione favorevole della casa contribuisce a diminuire il consumo di energia per il riscaldamento invernale e il raffrescamento estivo. Le abitazioni dovrebbero avere una forma di parallelepipedo con una facciata lunga disposta lungo l'asse est-ovest con le camere da letto e il bagno a est, la cucina a ovest e il soggiorno a sud. In questa maniera si rendono massimi gli apporti energetici del sole in inverno, si limita l'irraggiamento solare estivo tramite schermature e si facilita un'efficace ventilazione naturale. Da evitare un'orientazione della facciata principale verso est o ovest perché in inverno non consente di sfruttare appieno l'apporto del sole e in estate risulta difficile schermarlo (soprattutto sul lato ovest e nel tardo pomeriggio).
- Case ben progettate. Scegliamo le case i cui tetti, pareti esterne e finestre siano ben isolati e non necessitano del condizionatore estivo grazie all'uso di serre solari e del verde. Controlliamo anche che la caldaia sia a condensazione e che come combustibile non vengano utilizzati carbone o gasolio ma gas naturale o biomasse. Meglio ancora se sono stati installati i pannelli solari e se il sistema di riscaldamento è a pannelli radianti.
- Microclima. Quando si compra un'abitazione nuova valutiamo anche il micro-clima in cui è inserita, come la provenienza dei venti dominanti. Un muro, una siepe o degli alberi proteggono le abitazioni dal vento e possono consentire di risparmiare anche un quarto dell'energia consumata per il riscaldamento.

Una piccola azione tanto per incominciare.

Verifichiamo con una candela che non ci siano spifferi di aria che entrano dalle finestre o dal cassonetto della tapparella. Se ce ne sono, possiamo iniziare a tamponare l'aria fredda che entra con salsicciotti, giornali e adesivi isolanti prima di ipotizzare di cambiare serramenti.

Parole chiave del capitolo

Pannelli solari termici: il sole ci fornisce energia gratis per il nostro bisogno di calore.
Lana di vetro: un isolante facile da usare per tetti e pareti.
Vegetazione: il condizionatore naturale estivo.
Pannelli radianti a pavimento: il caldo migliore proviene da terra...
CasaClimaPiú: prendiamo esempio dalle case piú efficienti della Provincia di Bolzano.

Ricordiamoci che...

Se regoliamo il riscaldamento in inverno in maniera tale da aumentare di un grado la temperatura di casa, consumiamo il 6% in piú di combustibile: per un appartamento di 100 m² non isolato sono almeno 3600 chili di anidride carbonica emessi in piú l'anno.

Capitolo quarto

Rifiuti

Nelle nostre case conserviamo, coltiviamo e alimentiamo un giacimento di energia. È cosí che dovremmo iniziare a considerare la pattumiera dove terminano la corsa scarti di cucina, lamette da barba, il quotidiano del giorno prima e le lattine vuote. Benché i rifiuti ci consentano di risparmiare energia e risorse, visto che possono essere recuperati e riciclati, in Italia siamo soliti ragionare unicamente in termini di «emergenza» a causa delle gravi conseguenze ambientali provocate dai due cimiteri per rifiuti: le discariche e gli inceneritori. Nelle prime finiscono i due terzi dei rifiuti urbani (341 kg a persona l'anno), nei secondi il 9% circa (45 kg a persona l'anno). È vero che le tecnologie per la realizzazione di inceneritori e discariche hanno fatto passi da gigante rispetto a qualche decina di anni fa, ma il loro impatto sull'ambiente rimane rilevante in varie parti del paese: gli inceneritori emettono notevoli quantità di anidride carbonica e i residui dell'incenerimento contengono metalli pesanti che devono essere smaltiti a parte, mentre per quanto riguarda le discariche, da esse possono fuoriuscire sostanze che inquinano il terreno e le falde acquifere. Quest'ultimo problema vale in particolare per le quasi 5000 discariche illegali censite dal Corpo forestale dello Stato: 19 milioni di metri quadri di superficie. Le discariche autorizzate sono invece circa 1200, ma le compagnie di assicurazione, in genere, non se la sentono di assicurarle contro i danni ambientali per piú di venti anni. Dai rifiuti non si ottiene energia solo attraverso il riciclo e l'incenerimento. Anche le discariche, infatti, se costruite a regola d'arte possono rappresentare una risorsa energetica grazie al biogas, un combustibile creato dalla fermentazione dei rifiuti organici e formato per due terzi da metano e un terzo da anidride carbonica. Dalle discariche italiane si potrebbe produrre una quantità di biogas con un potenziale energetico equivalente a 1 626 000 tonnellate di petrolio. In realtà in Italia se ne produce l'equivalente di 155 000 tonnellate di petrolio: siamo al terz'ultimo posto per biogas prodotto a persona in Europa. Una tipica centrale a biogas genera energia elettrica per 4000 famiglie, consente di evitare l'emissione in atmosfera di 57 000 tonnellate di CO_2 e la fuoriuscita dalla discarica del metano, gas climalterante principale causa dell'inquinamento odorifico prodotto dalle discariche.

Per uscire dal vicolo cieco di discariche e inceneritori, l'aiuto che può dare il singolo cittadino consiste nelle due R: «Riciclare» la spazzatura tramite la raccolta differenziata e «Ridurre» la quantità di rifiuti prodotti. Se il riciclo fosse fatto in maniera capillare si potrebbe diminuire anche della metà la quantità di rifiuti che terminano nelle discariche e negli inceneritori, con notevoli ricadute positive sull'ambiente. Ma dei trenta milioni di chili di rifiuti che si producono in Italia ogni anno (510 chili a persona), quanti ne vengono riciclati?

La ERRE del Riciclo.

Quanto e dove si ricicla?

In Italia la percentuale della raccolta differenziata è in costante aumento. Nel 2003 è stata pari al 21,5% della produzione totale di rifiuti urbani (il 73,3% in piú rispetto al 1999), ma, purtroppo, questo dato è ben lontano dall'obiettivo del 35% previsto per legge. L'Italia della raccolta differenziata viaggia a due velocità: il nord è al 33,5%, il sud è fermo al 7,7. Regioni capofila sono Veneto e Lombardia, mentre la maglia nera va a Molise e Sardegna. Abbiamo casi di eccellenza della raccolta differenziata, con città che arrivano anche al 60% del totale dei rifiuti urbani prodotti, altri dove la raccolta differenziata non è mai partita. Oltre 500 comuni hanno superato la quota del 35% di raccolta differenziata, ma sono quasi esclusivamente comuni di media e piccola grandezza: nessun capoluogo di regione (le principali città metropolitane rappresentano in totale circa il 9% della popolazione nazionale e producono il 18% dei rifiuti). Non esiste una normativa a livello nazionale che definisca quali materiali devono essere riciclati; questo viene stabilito su base locale con conseguenze talvolta singolari. Come a Milano, tanto per fare un esempio, uno dei primi grandi comuni europei che ha promosso la raccolta dell'umido (rifiuti organici da cucina e verde di giardino), dove l'utilissima raccolta è stata però sospesa da un'amministrazione comunale che ha preso il potere successivamente.

Che cosa si ricicla di piú?

La carta, l'umido e il vetro rappresentano, in peso, i tre quarti dei rifiuti riciclati. Seguono, nell'ordine, ingombranti a recupero, plastica, legno e metalli (principalmente acciaio, alluminio e banda stagnata). La frazione che fa registrare i maggiori incrementi dal 2000 al 2003 è quella della plastica la cui raccolta risulta praticamente raddoppiata raggiungendo le 340 000 tonnellate riciclate nel 2003. Tra il 2000 e il 2003 la raccolta della carta è aumentata del 48,5% (in totale 1,9 milioni di tonnellate nel 2003) e rappresenta la frazione piú riciclata incidendo per una quota pari al 30,1% sul totale. Ciascun italiano ne ricicla ogni anno – in media – 33,9 kg.

I vantaggi del riciclo.

Ecco qualche esempio. Con gli scarti di cucina si produce il compost, ottimo concime naturale che può essere usato al posto dei concimi chimici; la bottiglia di vino che abbiamo sulla tavola, un tempo, poteva essere il parabrezza della nostra auto, mentre le lattine di alluminio possono trasformarsi in caffettiere, pentole e rubinetti; con l'acciaio riciclato si producono secchi, picconi, badili e i carrelli della spesa; le suole delle scarpe possono provenire dalla gomma dei pneumatici. C'è addirittura chi è riuscito a fare una barca a vela con bottiglie di plastica e un'intera cucina (esclusi gli elettrodomestici) con il cartone riciclato (vedi cap. 9). Per produrre un chilogrammo di alluminio dalla raccolta differenziata servono 2000 chilocalorie di energia, mentre un chilogrammo di alluminio prodotto dalla bauxite ne richiede ben 48 000.

L'esperienza.

Il Parco dei Nebrodi è un'area protetta di 100 000 ettari che si sviluppa dalla costa orientale della Sicilia, di fronte alle isole Eolie, per incunearsi nell'interno dell'isola, fra il Parco dell'Etna a sud-est e il Parco delle Madonie a ovest. La pianta piú rara e pregiata che si può trovare è il tasso baccato; quella che occupa la superficie maggiore è il faggio, che qui ha la stazione piú meridionale d'Europa (il parco è stato creato anche per proteggere questa specie arborea). Tra le specie animali piú pregiate che vivono nel parco, segnaliamo una coppia di aquile, volpi, gatti selvatici, uccelli acquatici, gheppi, il falco e i maiali selvatici, caratteristici proprio dei Nebrodi. Il parco, grazie alle sue bellezze naturali e alla vicinanza con aree densamente abitate, nei giorni festivi e nei fine settimana di sole è meta di gitanti provenienti dalla costa e dalla zona di Catania. Ma quando si parla di gitanti della domenica purtroppo le prime immagini che vengono in mente sono cartacce, sacchetti di plastica e resti di picnic abbandonati nella natura... Per affrontare questo problema, Legambiente promuove ogni anno nel Parco dei Nebrodi alcune iniziative anti-rifiuti. Ecco come ci racconta questa esperienza Salvatore, uno dei volontari dell'associazione.

> Da sei anni organizziamo nel Parco la nostra principale manifestazione di inizio autunno: Puliamo il Mondo. Cinquecento volontari, fra cui numerose scolaresche, si armano di guantoni, scope e ramazze per ripulire dai rifiuti questa splendida parte di Sicilia. Le aree maggiormente sporche sono quelle dove le persone vanno a fare il picnic: cartacce, bottiglie e piatti di plastica sono i rifiuti piú visibili. Organizziamo le nostre iniziative soprattutto nei pressi del Lago Maullazzo, la zona dove si reca

la maggior parte dei visitatori. Nel 2004 siamo anche riusciti ad abbattere un piccolo fabbricato abusivo in cemento, diventato un vero e proprio deposito di rifiuti vicino al lago, in una delle zone piú suggestive del Parco. Per qualche anno abbiamo presentato le istanze per demolirlo e lo scorso anno ci siamo riusciti con mazze e picconi e l'aiuto delle istituzioni del Parco. Proprio non potevamo accettare di andare a ripulire dai rifiuti la zona limitrofa e lasciare in piedi una struttura simile, all'interno della quale si poteva trovare di tutto. Da un punto di vista generale, forse anche per merito delle nostre iniziative, il senso civico delle persone che frequentano il Parco è migliorato, ma non siamo certo ancora a un livello sufficiente. Da parte nostra abbiamo fatto una grossa campagna di sensibilizzazione e di informazione. Una nostra iniziativa di alcuni anni fa prevedeva la consegna a chiunque entrasse nel Parco di un sacchetto di plastica per i rifiuti, con preghiera di restituirlo: in media, l'80% delle persone lo ridava pieno di immondizie che noi provvedevamo a smaltire. Oggi il miglioramento è evidente: la situazione di partenza era di completa anarchia, ciascuno faceva quello che voleva; adesso molti si ricaricano in macchina la propria spazzatura per buttarla via in un secondo tempo. Questo è anche il sintomo di come in Sicilia si stia affermando un senso civico complessivo, benché si faccia poco a livello istituzionale e il sistema della gestione dei rifiuti non funzioni: si preferisce l'incenerimento e la discarica piuttosto che la raccolta differenziata.

Riduciamo il consumo di plastica.

• Andiamo a fare la spesa con una o piú borse di tela, cotone o juta o col carrellino. Oppure andiamoci sempre con gli stessi sacchetti di plastica, senza buttarli via a ogni spesa. Evitiamo di usare i sacchetti di carta (eventualmente usiamo quelli in carta riciclata).

• Accettiamo i sacchetti di plastica solo quando effettivamente indispensabili. Molti dei nostri piccoli acquisti possono essere messi in tasca o tenuti in mano.

• Quando usciamo di casa, ricordiamo di prendere un piccolo sacchetto che potrebbe esserci utile se dovessimo comprare qualcosa.

• Utilizziamo i servizi di consegna a domicilio: si risparmia energia se in una sola consegna viene portato a casa quanto si sarebbe comprato in diverse volte.

• Non buttiamo nella spazzatura i sacchetti di plastica ma conserviamoli tutti insieme in un luogo di facile accesso: ci possono sempre servire.

• Evitiamo di regalare ai bambini i palloncini gonfiabili: possono essere trasportati dai venti anche a centinaia di chilometri di distanza e finire per soffocare animali o deturpare l'ambiente.

• Verifichiamo che nel nostro comune sia attiva la raccolta differenziata della plastica. Se questo è il caso, possiamo raccogliere i seguenti oggetti: bottiglie di acqua, flaconi per detergenti, polistirolo, film di nylon, borsette.

• Invece degli oggetti in plastica, cerchiamo e utilizziamo oggetti in Mater-Bi, materiale completamente biodegradabile prodotto a partire da amido di mais, frumento e patate non geneticamente modificati. Il Mater-Bi ha le stesse caratteristiche della plastica, la sua produzione richiede meno energia e si decompone in soli 45 giorni a contatto con l'aria e l'umidità. In Mater-Bi esistono sacchetti per la spesa, piatti, posate, bicchieri, cannucce, sacchetti per la raccolta della frazione organica dei rifiuti, vasetti per yogurt, bastoncini per le orecchie, penne, pannolini, pettini, righelli e molti altri oggetti ancora. Esiste addirittura un pneumatico che utilizza Mater-Bi come rinforzo per la gomma e in tal modo ne aumenta le prestazioni, abbassa la resistenza al rotolamento e riduce il consumo di carburante. Durante le Olimpiadi di Sidney 2000 è stata usata un'intera gamma di articoli per la ristorazione in Mater-Bi.

• Usiamo il vetro al posto della plastica. Evitiamo di comprare l'acqua minerale in bottiglie di plastica ma preferiamo l'acqua del rubinetto (vedi cap. 5) oppure le bottiglie in vetro, meglio se vuoti a rendere (numerosi studi sostengono che il sistema di recupero dei contenitori tramite vuoto a rendere è sostenibile solo quando una bottiglia percorre meno di 50 km dal momento dell'imbottigliamento al suo riutilizzo). Stesso discorso per marmellata e cioccolata da spalmare. Ricordiamo che ci sono ditte che consegnano a domicilio le bottiglie di acqua e ritirano le casse di bottiglie vuote.

Riduciamo il consumo di imballaggi.

L'Italia è il paese europeo che produce piú imballaggi: 12 milioni di tonnellate di scatolette di metallo, vassoietti e contenitori di plastica, bottiglie in plastica e vetro, carta e cartoni, equivalenti al 40% in peso e al 60% in volume di tutti i rifiuti prodotti. Il tasso di recupero e di riciclo degli imballaggi è in linea con quello degli altri paesi europei: siamo intorno al 60% di recupero e al 50% di riciclo degli imballaggi in commercio, ma si può fare meglio. Ecco alcuni consigli.

- Quando acquistiamo un prodotto ne compriamo anche l'imballaggio: impariamo a decidere quale acquisto effettuare anche in base alla quantità e alla qualità dell'imballaggio. Privilegiamo articoli con un imballaggio minimo, biodegradabile o riciclabile o realizzato con materiali di scarto.
- Quando i nostri consumi lo permettono, acquistiamo prodotti con un solo imballaggio: una confezione di pasta da mezzo chilo richiede l'apporto di meno energia per la produzione dell'imballaggio rispetto a cinque confezioni da cento grammi. I prodotti in monodose comportano un grosso dispendio di materiale per imballaggi.
- Compriamo frutta e verdura al banco oppure scegliamola da noi, a peso. I vassoietti di polistirolo prepesati e preimballati coperti da film plastico sono difficili da smaltire: il film plastico non si ricicla e il vassoietto deve essere pulito per venire riciclato.
- Preferiamo i prodotti multifunzione: shampoo e doposhampoo due in uno; detergenti con ammorbidente; etc.
- Compriamo imballaggi realizzati con materiale di un solo tipo perché sono piú facili da riciclare rispetto a quelli compositi: bastano delle graffette in metallo per rendere un imballaggio non riciclabile.
- I prodotti concentrati richiedono imballaggi meno pesanti e voluminosi. Certi detersivi per lavabiancheria sono disponibili in formato da ricarica concentrata da diluire a casa nel con-

tenitore di plastica che si è acquistato la prima volta. Alcuni supermercati stanno sperimentando un sistema di rifornimento automatico «alla spina»: basta appoggiare il flacone vuoto su una speciale bilancia posta sotto un serbatoio e schiacciare un pulsante per riempirlo di detersivo. Esistono anche ricariche per shampoo e dentifrici.

• Per fare correttamente la raccolta differenziata, dobbiamo ridurre il volume degli imballaggi: le bottiglie di plastica devono essere schiacciate per togliere l'aria e poi richiuse con il tappo; stesso discorso per i flaconi meno rigidi (ricordiamo che tutti i flaconi per detergenti devono essere sciacquati).

Mettiamo i rifiuti al loro posto.

• Seguiamo scrupolosamente le regole indicate dal comune per la raccolta differenziata.

• Gettiamo i rifiuti speciali come pile, medicinali, siringhe e l'olio dell'auto negli appositi cassonetti che, in genere, si trovano davanti o nei negozi dove li abbiamo comprati.

• Non utilizziamo il Wc come se fosse una discarica: solo una piccola percentuale dei nostri Wc è collegata a un depuratore per cui scaricarvi i rifiuti, specie se speciali o pericolosi, significa inquinare in maniera diretta l'ambiente.

• Non gettiamo i mozziconi di sigaretta nei boschi o sulle spiagge: possono provocare gli incendi e rimangono nell'ambiente senza decomporsi per almeno un anno se col filtro, da tre a sei mesi senza filtro.

Facciamo il compostaggio domestico.

Il compostaggio domestico è un'operazione semplicissima, alla portata di tutti coloro i quali hanno un giardino e che dà nuova vita ai nostri rifiuti organici di cucina, proprio come avviene in natura con le foglie e i resti di animali morti che vengono trasformati in humus dai microrganismi presenti nel terreno. Arrivato alla maturazione, il compost è un ottimo fertilizzante per piante, arbusti e fiori. Si stima che almeno un terzo dei rifiuti domestici potrebbe diventare compost: oggi questa percentuale è solo del 10%. Il compost si fa coi resti alimentari (frutta, verdura, carni, caffè, uova, etc.), fazzoletti di carta, quotidiani, residui del giardino (foglie, erba, paglia). Alcuni materiali non vanno usati per il compostaggio ma non ne diminuiscono la qualità: i rami molto legnosi, le ossa dure, i noccioli, i semi di pomodori, dei meloni e delle zucche.

Il bidone della spazzatura? Il male estremo...

• Consideriamo la spazzatura come l'ultima delle soluzioni e la meno auspicabile: prima di buttare un oggetto, riflettiamo se non sia possibile riciclarlo, recuperarlo, rivenderlo, regalarlo, scambiarlo o usarlo per fare del compost.

• Ogni tanto andiamo in cantina e verifichiamo se non ci sia qualche oggetto che per noi è solo un ingombro ma che possiamo regalare ad associazioni caritatevoli o a un amico. Possiamo anche rivenderli in fiere e mercatini dell'usato che si tengono in tutte le città italiane oppure su Internet.

• Ci sono fior di artisti che trovano l'arte nella e grazie alla spazzatura: anche noi possiamo riuscire con un pizzico di fantasia, creatività e «fai da te» a rendere un oggetto da spazzatura un bel soprammobile, una nuova lampada, un giocattolo per i nostri figli e nipoti.

• Un tempo era consuetudine che vestiti, indumenti intimi e scarpe passassero da fratello in fratello o da cugino in cugino. Oggi probabilmente questo si fa molto meno, ma non è un buon motivo per buttare nella spazzatura i vestiti che in famiglia nessuno vuole piú indossare: li possiamo regalare ad associazioni caritatevoli o depositarli nei cassonetti adibiti al riciclo. Ogni anno sono 53 000 le tonnellate di rifiuti tessili che trovano una seconda vita nelle industrie tessili grazie alla raccolta differenziata. Vengono utilizzati per aggiungere piccole porzioni di materiale ai vestiti nuovi oppure per produrre prodotti non tessuti (panni, coperte, etc.). Le fibre naturali possono essere aggiunte al compost visto che si tratta di materia vegetale.

Diciamo NO all'usa e getta.

- Evitiamo l'usa e getta e preferiamo l'uso di apparecchi elettrici, oggetti in vetro e di quelli ricaricabili. Ormai possiamo trovare in diversi negozi ricariche per penne, detersivi, cartucce per stampanti.
- Usiamo la carta per scriverci sopra, non per soffiarci il naso, come tovagliolo o per asciugare una superficie bagnata. Per tutte queste operazioni preferiamo oggetti in tessuto.
- Invece delle posate di plastica o di carta usiamo quelle in metallo: pulirle costa meno in energia. Portiamo in ufficio un cucchiaino di metallo per il caffè e delle posate in metallo se pranziamo davanti al computer.
- Usiamo le pile ricaricabili invece di quelle usa e getta. La raccolta delle batterie esauste in Italia ha raggiunto una percentuale ormai prossima al 100%: piú di 200 000 tonnellate ogni anno. Nel corso del 2004, grazie al riciclo delle pile sono state recuperate 9000 tonnellate di plastica e 107 000 tonnellate di piombo, garantendo per l'economia nazionale un risparmio sull'importazione di questo metallo pari a 76 milioni di euro.

Elettrodomestici e apparecchi elettronici.

In vari paesi europei la «campana» dei rifiuti per apparecchiature elettriche ed elettroniche è una realtà già da tempo ed entro il 2006 lo sarà anche da noi visto che il nostro paese sta per recepire le direttive europee per la raccolta e il corretto smaltimento di elettrodomestici, computer, telefoni, fax, apparecchi radio, tv, videoregistratori, tubi al neon e persino trenini elettrici e videogiochi. L'obiettivo di raccolta differenziata della spazzatura elettronica è di 4 kg l'anno entro la fine del 2006 per nucleo familiare e per questi rifiuti varrà il principio del «vuoto a rendere»: i distributori al momento della fornitura di una nuova apparecchiatura dovranno assicurare il ritiro gratuito di quella vecchia. Il finanziamento delle operazioni di trasporto, trattamento, recupero e smaltimento finale della spazzatura elettronica sarà a carico dei produttori. La situazione odierna è alquanto differente: su cento elettrodomestici solo una quindicina sono smaltiti regolarmente (quasi esclusivamente al nord) e gli altri vanno in discarica. Diversamente dal passato, tendiamo a cambiare gli elettrodomestici anche quando quelli vecchi funzionano bene solo per avere qualche funzionalità aggiuntiva: in Italia si vendono 1,5 milioni frigoriferi ogni anno, di cui il 70% rimpiazzo di frigoriferi esistenti. Un primo consiglio, se si vuole cambiare elettrodomestico, è quello di recuperare il prodotto usato regalandolo ad amici o parenti oppure rivendendolo (Internet è un mezzo straordinario per mettere all'asta o comprare elettrodomestici o apparecchi elettronici usati). Stesso discorso per le apparecchiature elettroniche (palmari, computer, cellulari, stampanti, etc.): non gettiamole nella spazzatura per il semplice motivo che in commercio si trova un nuovo apparecchio con qualche funzionalità in piú. I rifiuti elettronici contengono metalli (oro, argento, platino, rame, piombo) che possono comportare un grosso inquinamento dell'ambiente, specie per la falda acquifera. Ogni anno vengono buttati via in Europa sei milioni di computer e ciascun italiano getta circa 8 kg l'anno di attrezzi elettronici. Le statistiche ci dicono che solo 1,2 kg vengono recuperati e riciclati.

Una piccola azione tanto per incominciare.

Se ancora non lo facciamo, iniziamo ad effettuare la raccolta differenziata dei rifiuti a partire dai materiali piú semplici, come carta, vetro e lattine. Basta adibire alla raccolta qualche sacchetto o vecchio contenitore che non serve piú, distribuendo in uno i quotidiani o le riviste appena lette, in un altro le lattine vuote, in un altro le bottiglie e gli imballaggi di vetro che vogliamo buttare.

Parole chiave del capitolo

Riciclo: diamo valore a carta, vetro, plastica e metallo che non ci servono piú.
Discariche e inceneritori: facciamo in modo di averne sempre meno bisogno.
Riuso: certi oggetti hanno diritto a una seconda vita.
Imballaggio: meno è grande, meglio fa all'ambiente.
Compostaggio: una semplice azione per rifornire la Terra di vitamine naturali.
Biogas: le discariche fatte a regola d'arte possono fornire energia.

Ricordiamoci che...

Ciascun italiano in media produce ogni anno piú di 500 chili di rifiuti. I tre quarti finiscono in discariche e inceneritori con gravi conseguenze ambientali. Se si facesse una raccolta differenziata capillare, la quantità di rifiuti che termina in questo modo il proprio ciclo di vita potrebbe essere ridotto anche della metà.

Capitolo quinto

Acqua

La fame di acqua che colpisce una parte consistente delle regioni italiane trova origine da una distribuzione irregolare delle precipitazioni: al nord piove molto piú che al sud, col risultato che le regioni settentrionali utilizzano solo il 50% delle proprie disponibilità idriche, mentre quelle meridionali e le isole hanno a disposizione una quantità di acqua pari alla metà di quanto occorrerebbe loro. La distribuzione irregolare delle precipitazioni si somma agli elevati consumi dell'agricoltura intensiva e a una rete idrica colabrodo che ha perdite medie del 33%. Su scala nazionale nell'arco di un anno l'interruzione del servizio idrico è in media di 6,3 giorni, che diventava 3,3 al Nord, 5 al Centro e ben 36,1 al Sud. Per limitare la crisi idrica italiana l'azione piú urgente consisterebbe perciò nella modernizzazione della rete, che ha un'età compresa tra i 28 e i 45 anni, intervento che spetta alle istituzioni. Ma anche noi singoli cittadini abbiamo molte carte da giocare: l'Italia è il paese europeo con il piú elevato consumo idrico pro capite (213 litri) e un potenziale di risparmio enorme. Inoltre gli italiani sono i maggiori consumatori di acqua minerale in bottiglia: 172 litri annui pro capite e un costo a famiglia in media di 260 euro. Vediamo come anche in questo caso sprechiamo energia e risorse.

Dal rubinetto: è meglio.

Evitiamo il PET.

Dal punto di vista del consumo di energia, è di gran lunga da preferire l'acqua del rubinetto rispetto a quella in bottiglia. Il motivo principale è che se si beve l'acqua del rubinetto non si spende energia per il trasporto e la produzione delle bottiglie. Un quarto degli 89 miliardi di litri di acqua in bottiglia prodotti nel mondo in un anno sono consumati al di fuori del paese di produzione e il loro trasporto provoca un ingente consumo di combustibili fossili. Produrre un chilo di PET, la plastica usata per le bottiglie, richiede 17,5 chili di acqua e rilascia in atmosfera 40 grammi di idrocarburi, 25 grammi di ossidi di zolfo, 20 grammi di ossidi di azoto e 2,3 chili di CO_2. In un anno si producono nel mondo 1,5 milioni di tonnellate di PET per acqua minerale.

Fidarsi del rubinetto?

Sfatiamo il mito che sia rischioso bere l'acqua del rubinetto. Per definizione in Italia è potabile, cioè fresca, limpida e totalmente priva di germi dannosi per l'organismo. L'acqua è sottoposta ogni giorno a controlli continui: solo per l'acquedotto di Milano vengono effettuate piú di 20 000 analisi l'anno e i parametri sono addirittura piú restrittivi proprio per l'acqua del rubinetto che non per quella in bottiglia. È a causa del cloro che molti italiani non amano l'acqua del rubinetto. L'acqua delle falde viene filtrata e trattata in maniera tale da renderla assolutamente salubre, ma prima di mandarla nella rete di distribuzione il gusto viene «rovinato» con l'aggiunta di questa sostanza che è un potente antibatterico e previene la contaminazione di microrganismi che possono infiltrarsi in tubazioni in cattivo stato. La concentrazione di cloro è massiccia all'ingresso delle tubazioni, si perde nel percorso e dovrebbe arrivare a livelli impercettibili quando si apre il rubinetto a casa. Purtroppo talvolta la clorazione è cosí abbondante che l'acqua mantiene sia il sapore, sia l'odore di cloro. A Roma in quasi tutta la città l'acqua del rubinetto non sa minimamente di cloro, mentre a Firenze avviene il contrario. Per eliminare il gusto di cloro è sufficiente riempire una bottiglia con acqua del rubinetto e lasciarla in frigorifero per qualche ora: il cloro avrà il tempo di evaporare e si potrà gustare acqua assolutamente insapore. Altri stratagemmi consistono nell'aggiungere qualche goccia di limone o utilizzare i filtri, come spiegato poco piú avanti.

Durezza dell'acqua.

In genere l'acqua del rubinetto è piú «dura» di quella in bottiglie, cioè contiene una maggiore concentrazione di sali minerali. Il fatto che un'acqua sia dura non significa che sia dannosa per la salute: per chi soffre di osteoporosi è un vantaggio bere acqua ricca di calcio e lo stesso vale per categorie particolari di persone, come i bambini e gli anziani. Per chi soffre di calcolosi renali vale invece l'opposto. Rivolgiamoci all'ente o all'azienda municipale che eroga il servizio nella nostra città per conoscere la composizione dell'acqua del rubinetto e poi chiediamo consiglio al nostro medico.

I filtri funzionano davvero?

Sono dispositivi che trattengono cloro, calcare e, nel caso di acqua contaminata, sostanze dannose come piombo, grosse molecole di pesticidi e certi micro-organismi. In commercio (possono essere acquistati prevalentemente attraverso Internet) esistono caraffe col filtro (si versa direttamente l'acqua del rubinetto nella caraffa) o filtri che si installano sotto il lavandino. Il filtro, che deve essere cambiato regolarmente, è in carbone attivo trattato con argento, elemento che ha un effetto antibatterico. Leggiamo attentamente le istruzioni quando li compriamo perché alcuni di questi apparecchi accrescono il contenuto di sodio e argento, che è un metallo duro, e sottraggono magnesio e calcio, sostanze preziose per le ossa.

Acqua: un problema globale.

Da noi c'è chi va al supermercato alla ricerca dell'acqua minerale piú adatta per mantenere la linea o per conservare la pelle liscia. Nel mondo povero, invece, un miliardo e mezzo di persone non hanno accesso all'acqua potabile per soddisfare la propria sete, cifra che nel 2030 potrebbe crescere fino a 3 miliardi. Un qualunque bambino nato oggi in un paese in sviluppo consuma dalle 30 alle 50 volte meno acqua di un coetaneo del mondo ricco. L'Onu stima in 50 litri al giorno la soglia minima affinché la vita di una persona non sia in pericolo; tenendo per buona questa cifra, si può affermare che almeno il 40% dell'umanità vive in condizioni di carenza di acqua. Sono piú di tre milioni le persone che ogni anno muoiono nel mondo a causa di malattie dovute all'acqua contaminata e all'assenza di igiene. I paesi piú colpiti sono le aree rurali dell'Africa sub-sahariana, dell'Asia orientale e alcuni paesi dell'Europa dell'est. Si prevede che la disponibilità di acqua dolce continuerà a diminuire arrivando, nel 2025, a 5100 m^3 l'anno pro capite, quantità che sarebbe comunque sufficiente per soddisfare i bisogni dell'intera popolazione mondiale se fosse distribuita equamente. Le previsioni per il futuro non sono rosee: cambiamenti climatici e inquinamento faranno diminuire ulteriormente la disponibilità totale di acqua potabile. E come oggi si combattono guerre per il controllo delle risorse energetiche, diversi analisti prevedono che le guerre del XXI secolo saranno combattute per garantirsi l'accesso alle risorse idriche. Con una differenza: esistono diverse alternative al petrolio e ai combustibili fossili, come l'energia solare ed eolica, ma non ne esistono all'acqua. Pensiamoci tutte le volte che ci dimentichiamo aperto il rubinetto.

L'esperienza.

In Africa sono numerosissimi i bambini e le bambine che escono di casa all'alba non per andare a scuola, ma perché il loro compito quotidiano è trasportare l'acqua per tutta la famiglia dal ruscello o dal pozzo piú vicino, talvolta distante anche diversi chilometri. Il viaggio con le taniche trasportate sulla schiena o sulla testa è spesso massacrante e il piú delle volte l'acqua non è potabile, anche se chiara, perché raccolta da ruscelli in cui le donne lavano i panni o gli animali si abbeverano. Si stima che siano quasi 300 milioni le persone che in Africa soddisfano la propria sete con acqua contaminata. Una mano per liberare donne e bambini da questo lavoro massacrante e fuori dal tempo ce la offre il sole. Grazie all'energia fotovoltaica, cioè alla produzione di elettricità con l'energia solare, almeno 100 000 villaggi rurali di tutto il mondo (una popolazione di alcuni milioni di persone) sono dotati di pompe idriche che pescano l'acqua nel sottosuolo. Con l'acqua in eccesso, i contadini possono coltivare con piú efficienza i propri orti e vendere i prodotti ai mercati vicini. I pregi dell'energia fotovoltaica non si fermano al settore idrico. Coi pannelli solari si illuminano le scuole, favorendo cosí l'istruzione, e si dà energia a ospedali rurali e unità di refrigerazione per la conservazione dei vaccini. Il fotovoltaico nei paesi in sviluppo sostituisce i generatori diesel o a gasolio, che inquinano e richiedono un maggior lavoro di manutenzione.

Evitiamo gli sprechi.

- Chiudiamo il rubinetto mentre ci laviamo le mani, i denti, ci rasiamo o facciamo lo shampoo. In due minuti si perdono per il rubinetto del lavabo almeno 20 litri di acqua potabile: troviamo il modo di non sprecarla utilizzandola per preparare il caffè o per innaffiare le piante. Quando ci si fa la barba col rasoio a mano, meglio chiudere col tappo il lavandino per raccogliere l'acqua calda.
- Chiudiamo a fondo i rubinetti: da un rubinetto che perde una goccia ogni due secondi fuoriescono quasi 6000 litri di acqua l'anno.
- Allo scopo di stabilire che non ci siano perdite di acqua

in casa, chiudiamo tutti i rubinetti e controlliamo ogni due ore sul contatore il livello di consumo. Se la misura del contatore è cambiata, significa che c'è una perdita dallo sciacquone del Wc, dai rubinetti o dalle tubature: da un foro di un millimetro di diametro in un tubo si perdono oltre 2300 litri d'acqua potabile al giorno (sono queste le cause delle infiltrazioni in muri e soffitti). Per controllare che lo sciacquone del Wc non perda, vuotiamo nella cassetta una boccetta di colorante alimentare: l'eventuale colorazione delle pareti del Wc o dell'acqua sul fondo segnala una perdita.

• Se abbiamo la fortuna di possedere una piscina, controlliamo regolarmente che non perda acqua. Se il suo livello rimane piú elevato del normale e l'acqua fuoriesce quando la si usa, ci può essere un malfunzionamento della valvola automatica di chiusura. Questo provoca un continuo ciclo di acqua che viene pompata e viene fatta defluire.

Limitiamoci.

• Quando laviamo l'auto non usiamo acqua corrente ma un secchio che abbiamo riempito in precedenza. Si risparmiano cosí anche 100 litri di acqua per ogni lavaggio.

• Per lavare i piatti a mano o le verdure, riempiamo una bacinella o il lavello e usiamo l'acqua corrente unicamente per il risciacquo.

Laviamo i piatti con la lavastoviglie.

• Una lavastoviglie consuma in media 15 litri di acqua per lavare i piatti di piú pasti: a mano si consuma una quantità di acqua dalle due alle tre volte maggiore, anche se si fa molta attenzione a non sprecarla.

• Utilizziamo lavastoviglie e lavabiancheria solo a pieno carico e preferiamo i modelli di classe A, che consumano meno acqua ed energia.

Installiamo i riduttori di flusso per rubinetti

I riduttori di flusso per rubinetti miscelano l'acqua con l'aria dimezzando la quantità di acqua in uscita dal rubinetto senza che diminuisca la sensazione lavante. Alcune rubinetterie li prevedono già di serie (chiederlo quando si cambiano i rubinetti) e il costo iniziale di pochi euro si ammortizza in meno di un anno. Possono essere acquistati dal ferramenta o nei negozi di idrosanitari e si montano in pochi minuti sui rubinetti del bagno e della cucina: basta svitare il terminale di uscita dell'acqua, inserire il piccolo cilindro di plastica e poi riavvitare. Esistono in commercio anche riduttori di flusso per la doccia e i telefoni-doccia.

Regoliamo il flusso dello sciacquone.

• Il 30% dell'acqua che consumiamo fuoriesce dallo scarico del Wc: piú di 10 litri a ogni scarico. Per limitare questo consumo, installiamo una cassetta a doppio flusso, che eroga due quantità di acqua diverse secondo il bisogno, in genere 3 o 6 litri.

• Per limitare la quantità di acqua scaricata, si può anche inserire nella cassetta un mattone o una bottiglia piena d'acqua.

• Un semplice fazzoletto di carta buttato nel Wc comporta il consumo di almeno 10 litri di acqua: evitiamo gli sciacquoni inutili.

Meglio la doccia al bagno.

• Quando ci si fa un bagno si usano in media 150 litri di acqua: per una doccia un terzo (ancor meno se sono stati installati i riduttori di flusso).

• Ricordiamoci di chiudere il rubinetto della doccia mentre ci insaponiamo corpo e capelli.

• Evitiamo le docce troppo lunghe.

• Installiamo i regolatori della temperatura dell'acqua ai rubinetti della doccia e della vasca: in media il 15% dell'acqua di una doccia e il 5% di quella di un bagno è consumata all'inizio (o quando si riapre il rubinetto) per cercare la temperatura ottimale. Il regolatore calibra in maniera automatica la temperatura e si evitano anche le docce scozzesi quando qualcun altro usa l'acqua calda in casa. Ridurre il consumo di acqua calda è un modo diretto di risparmiare energia: si stima che almeno i due terzi dell'acqua che fuoriesce dai rubinetti di casa è calda.

Recuperiamo l'acqua.

Se possibile, sfruttiamo l'acqua piovana tramite una cisterna sul tetto collegata alle tubazioni per gli usi non potabili di casa: giardino e piante, il lavaggio della macchina, lavatrice e Wc. Recuperiamo, sempre se non è troppo oneroso progettare l'impianto, anche le acque grigie. Risulta meno costoso progettare questi impianti quando si costruisce l'edificio. Se l'acqua di scarico per usi domestici venisse riciclata in Italia, si avrebbe un risparmio di 1500 milioni di metri cubi l'anno...

Curiamo piante e giardini con la testa e non con l'acqua.

• Innaffiamo le piante di mattino presto o di sera nei periodi caldi, quando l'evaporazione è minima, dalla tarda primavera fino all'inizio dell'autunno. La terra riesce ad assorbire piú acqua risparmiando cosí anche il 50% di acqua.

• Tagliamo l'erba ai piedi di alberi e arbusti: l'acqua della pioggia penetrerà nel suolo e darà da bere alle piante piuttosto che all'erba.

• Preferiamo i sistemi di irrigazione a micropioggia e programmabili con il timer per la notte. Innaffiamo in maniera lenta, senza creare pozzanghere e piccoli rivoli. Controlliamo periodicamente che il sistema automatico di innaffiamento funzioni in maniera corretta. Facciamo attenzione a innaffiare direttamente a terra e non il fusto degli alberi.

- Punti soffici nel prato e intorno agli irrigatori automatici indicano che c'è una perdita assorbita nel terreno. In questo caso è meglio rivolgersi al proprio idraulico di fiducia per la eventuale riparazione.
- Una pioggia molto intensa può consentire di non innaffiare per una settimana intera. Si può anche comprare un sensore per la pioggia che spegne il sistema di irrigazione se inizia a piovere.
- Invece di tosarlo rasoterra, tagliamo il prato piú spesso ma tenendolo alto sui 10 cm; in questo modo le radici saranno piú lunghe, resisterà meglio alla siccità e alle erbe indesiderate e tratterrà di piú l'umidità.
- Non innaffiamo i giardini quando c'è molto vento: l'acqua evapora piú facilmente e il vento la può far cadere fuori dal prato. Facciamo attenzione a non innaffiare la strada o la facciata della casa.
- Per calcolare per quanto tempo dobbiamo innaffiare il giardino, usiamo alcune scatolette di tonno. Posizioniamole in punti diversi del giardino e innaffiamo per una decina di minuti. Facciamo poi una media dell'altezza raggiunta dall'acqua in ciascuna scatoletta. In media, da 3 a 5 cm la settimana sono piú che sufficienti per un prato, ma questo dato dipende dalla zona geografica in cui ci troviamo.

Uso nascosto dell'acqua.

Per limitare il consumo di acqua, evitiamo l'acquisto di oggetti inutili o che necessitano di una grande quantità di risorse idriche per la loro produzione. Infatti, l'acqua non solo rende possibile la vita sulla Terra, ma anche tutti i beni che usiamo e consumiamo nella nostra vita necessitano del suo apporto (nascosto), senza che noi lo sappiamo. Ecco alcuni esempi. Per produrre un chilo di carne di manzo servono piú di 100 000 litri di acqua; per produrre un'arancia 500 litri; una tonnellata di alluminio necessita di 1 340 000 litri di acqua, mentre una copia del nostro quotidiano si beve 50 litri di acqua. Per produrre un chilo di riso servono 5000 litri di acqua.

Una piccola azione tanto per incominciare.

La mamma, la pasta e... l'auto. Si dice che siano questi i tre grandi amori degli italiani. Classico, per molti, passare il sabato pomeriggio a fare le coccole alla propria auto con tanta, troppa acqua: in media almeno 100 litri. Riempiamo un secchio di acqua calda e usiamo solo questa.

Parole chiave del capitolo

Rubinetto: preferiamo l'acqua del rubinetto, meno sprecona di quella in bottiglia.
Riduttori di flusso: metà acqua, stesso comfort.
Uso nascosto: ogni oggetto (di nascosto) si «beve» la sua razione di acqua.
Doppio flusso: scegliamo quello piú appropriato per ogni sciacquone.
Regolatore termostatico: rende piú facile trovare la giusta temperatura per la doccia.
Fotovoltaico e pompe idriche: nel terzo mondo alcuni milioni di persone bevono acqua potabile grazie al sole.

Ricordiamoci che...

Se tutta l'acqua della Terra corrispondesse a 100 litri, quella potabile e facilmente sfruttabile dall'uomo occuperebbe metà di un cucchiaino da caffè. Facciamo quindi attenzione a non sprecarla in casa e a usare i facili sistemi che abbiamo descritto, come i regolatori di flusso, che consentono di risparmiare anche la metà di quella che consumiamo abitualmente.

Capitolo sesto

Acquisti e fare la spesa

Quando acquistiamo un bene, parte della spesa che sosteniamo serve a pagare i costi di produzione, fra cui anche quelli per l'energia usata per produrlo. In tal modo, indirettamente possiamo sostenere una modalità di produzione basata sull'utilizzo di energie rinnovabili e pulite, oppure favorire attività commerciali che hanno consumato ampiamente le risorse del pianeta e lo hanno impoverito. Si tratta di un potere che tutti i consumatori hanno ma di cui pochi sono consapevoli perché non è sempre semplice accertarsi di come è stato realizzato un bene. Davanti allo scaffale del supermercato come può fare il consumatore a scovare il prodotto piú ecologico? Essere soli in questa scelta è uno svantaggio, avvalersi dell'aiuto di altri rende l'impresa meno ardua. Proprio perché l'unione fa la forza, sono nate negli ultimi anni diverse associazioni che si occupano della difesa dei diritti dei consumatori (fra cui anche il diritto di conoscere la filiera produttiva di ciò che si acquista). Altre tipologie di «associazioni» di consumatori sono i Gruppi di acquisto, costituiti da persone che comprano insieme beni di uso comune (alimentari e non) direttamente da piccoli produttori locali. Vediamo piú in dettaglio come funzionano.

Gruppi di acquisto: un gioco di squadra.

Che cosa sono i Gas?

In Italia la storia dei gruppi d'acquisto inizia nel 1994 con la nascita del primo gruppo a Fidenza (Parma) e oggi se ne contano almeno un centinaio in tutto il Paese. Ogni gruppo sceglie la propria forma organizzativa e svolge autonomamente gli acquisti presso produttori locali. Un Gruppo di acquisto diventa «solidale» quando pone al centro della propria attività la creazione di un mercato etico, rispettoso piú dei diritti delle persone che non quelli delle «Corporation». Un Gruppo di acquisto solidale è «sobrio» (Gass) quando pone attenzione al concetto di limite al consumo delle risorse del pianeta. I Gas si possono aggregare intorno a una cooperativa di consumo, possono essere un gruppo informale di amici, colleghi o semplici vicini di casa che usa come base di appoggio un negozio del commercio equo e solidale o una struttura di dopolavoro.

Vantaggi per l'ambiente.

La creazione di un rapporto diretto col produttore rende piú facile verificare in che modo sono stati prodotti gli articoli che si comprano, cioè se sono state usate sostanze chimiche (insetticidi, diserbanti, etc.) e se le risorse ambientali sono state consumate in maniera intensiva. Inoltre, si evita il consumo di energia per il trasporto dei prodotti su grosse distanze, caratteristico della grande distribuzione. Per certi prodotti, ma non per tutti, l'acquisto dal produttore consente di spendere meno dal punto di vista economico rispetto all'acquisto al dettaglio.

Con che criteri si scelgono i produttori?

I gruppi si rivolgono a piccoli produttori locali trovati soprattutto col passaparola e per conoscenza diretta da parte di uno o alcuni soci. In genere, i Gruppi di acquisto privilegiano gli agricoltori biologici e le fattorie piú piccole. Piú consumatori che acquistano da un produttore hanno anche la possibilità di chiedere la produzione di determinati articoli: molti agricoltori biologici che praticano la vendita diretta offrono ortaggi e frutti di varietà dimenticate, salvando e valorizzando la biodiversità agricola.

L'esperienza.

Ecco la storia del Gruppo di acquisto solidale di Salerno, raccontata da Enzo, uno dei suoi fondatori.

Siamo stati in due a lanciare, quasi per caso, l'idea del gruppo di acquisto intorno all'anno 2000. Frequentavamo la bottega del commercio equo solidale di Salerno e qui abbiamo messo un annuncio per verificare se in zona ci fosse qualcuno interessato a creare con noi un gruppo di acquisto. Tramite il passaparola abbiamo trovato diverse persone desiderose di aderire al nostro Gas e adesso siamo una ventina di famiglie, per un totale di circa settanta persone. Compriamo i prodotti da sei produttori di agricoltura biologica, dai quali ci riforniamo ogni settimana di frutta e verdura di stagione, uova, polli, miele, formaggi, pane, salami. Abbiamo scelto questi produttori per conoscenza personale, perché ci fidiamo piú del contatto diretto con la persona piuttosto che delle certificazioni: andiamo a conoscerli, vediamo come coltivano la terra e poi decidiamo se affidarci a loro. Sui prezzi del produttori ciascun socio si autotassa con un surplus del 15% che usiamo per finanziare due progetti di cooperazione, uno in Nicaragua e l'altro nel Parco Nazionale del Cilento. È difficile quantificare quanto risparmiamo in termini economici comprando direttamente dai produttori perché ciò dipende da dove si fa la spesa: la maggior parte dei nostri prodotti sono biologici e il prezzo è inferiore a quelli dei negozi al dettaglio e dei negozi biologici di Salerno, mentre costano un po' di piú rispetto ai prodotti biologici venduti in certi mercatini e nei supermercati. Piú che per il risparmio, per noi è importante il discorso di comprare prodotti sani e che soddisfino il nostro palato, tradizione, quella del gusto, a cui noi del sud teniamo parecchio. È un dato di fatto che i prodotti che compriamo dai produttori locali hanno un gusto diverso rispetto a quelli del supermercato. Il prodotto che per il mio palato ha la differenza piú evidente è il miele: il nostro apicoltore lo produce in montagna con arance e castagne. Stesso discorso per i formaggi: li compriamo da un agricoltore che li produce nello stesso identico modo di trent'anni fa. Alle volte qualche socio si lamenta perché il formaggio comprato una settimana non ha lo stesso sapore di quello della settimana precedente: forse le pecore avevano pascolato in campi diversi... Anche con l'olio abbiamo avuto lo stesso problema: alcuni non sono abituati all'olio extra-vergine che si produce dalle nostre parti che è molto profumato, acidulo e un po' piccante e ha un gusto piú forte di quello del supermercato. Ma che vuole: l'alternativa è consumare prodotti sempre con lo stesso sapore e l'olio del supermercato, alle volte, non ha neanche lontanamente il gusto delle olive...

Sí al biologico.

Si stima che il settore agricolo contribuisca nel mondo per circa il 10% all'incremento dell'effetto serra. Questo avviene attraverso tre modalità: le emissioni di metano degli allevamenti intensivi (circa l'80% delle emissioni di metano complessive); l'utilizzo delle fonti fossili per il parco veicoli (circa il 3% di quelle complessive); l'impiego di concimi chimici, per la cui produzione si usano fonti fossili. Una maniera per limitare questi contributi alla febbre del pianeta è passare all'agricoltura biologica. Con biologico si indicano metodi di coltivazione e di allevamento in cui sono usate esclusivamente sostanze naturali. Quindi: niente pesticidi, concimi, diserbanti e insetticidi. Negli allevamenti biologici si pone la massima attenzione al benessere degli animali, che si nutrono di erba e foraggio biologico, non assumono antibiotici, ormoni o altre sostanze che stimolano la crescita e hanno a disposizione ampi spazi per muoversi e pascolare liberamente. La terra viene mantenuta fertile grazie alla rotazione delle colture, alla piantumazione di siepi e alberi che danno ospitalità ai predatori naturali dei parassiti, e alla consociazione, cioè il fatto che alcune piante, se coltivate le une accanto alle altre, favoriscono lo sviluppo reciproco e si difendono a vicenda dai parassiti. Ecco riassunti i numerosi pregi energetici dell'agricoltura biologica.

• Le fattorie biologiche consumano, in media, tra un terzo e la metà di energia fossile rispetto alle fattorie convenzionali per unità di prodotto. Per la produzione di una tonnellata di frumento tenero, latte o agrumi biologici serve in media un terzo in meno di energia rispetto a prodotti non biologici; per le olive quasi la metà.

• Si riducono le emissioni di metano degli allevamenti sia per il tipo di dieta, sia per il numero ridotto di capi allevati per ettaro.

• Non si consuma energia per la produzione di concimi chimici, pesticidi ed erbicidi; in questa maniera si contribuisce alla salvaguardia delle acque freatiche e del suolo e alla salute dei produttori e dei consumatori.

- Il livello medio di sostanza organica presente oggi nelle coltivazioni biologiche si attesta sull'1,5% e ogni ettaro coltivato in maniera biologica assorbe circa 1,5 tonnellate di CO_2 l'anno. Di conseguenza, i terreni biologici già oggi sono in grado di assorbire 1 650 000 tonnellate di anidride carbonica, pari allo 0,3% delle emissioni totali di CO_2 in Italia.
- Un uso meno intensivo del suolo promuove la sua fertilità, aumenta la sua capacità di assorbire CO_2, lo rende anche meno vulnerabile all'erosione e alle inondazioni.

Riduciamo il consumo di carne.

Per produrre un qualunque alimento è necessaria una certa quantità di energia. Preferiamo perciò gli alimenti ai livelli piú bassi della catena alimentare, che richiedono meno energia per essere prodotti. Ai livelli piú elevati c'è la carne (bovina, di maiale e di pollo) seguita, nell'ordine, da uova, latticini, legumi, cereali, verdura, frutta. Mangiare carne non significa solo un maggiore consumo di energia rispetto agli altri alimenti, ma anche un impiego intensivo della terra coltivata, l'utilizzo di grosse quantità di acqua, la produzione di inquinamento e danni alla salute delle persone. Bastano alcuni dati numerici per comprendere l'entità del problema.

- Per produrre 1 kg di carne bovina, occorrono 4,8 kg di granaglie, soprattutto cereali e soia, che equivalgono a 13 000 kcal, mentre 1 kg di carne è pari a 2140 kcal: nel passaggio dalle granaglie alla carne si sono perse piú di 10 000 kcal. Consumare carne significa perdita netta di energia e quindi di capacità nutritive.
- La produzione di un hamburger di carne bovina richiede tanto petrolio quanto quello necessario per far percorrere a un'auto una trentina di chilometri e una quantità di acqua sufficiente per farsi una quindicina di docce.

- Una dieta esclusivamente vegetariana comporta il consumo di 80 litri di acqua al giorno, una carnivora di 1100.
- Si stima che un ettaro di terra possa soddisfare i bisogni alimentari di circa 20 persone se coltivato a patate, carote, riso o grano; circa 10 se coltivato a fagioli o piselli, ma solamente 3 se utilizzato per produrre carne di coniglio o suina, due se per carne di pollo o ovina, un'unica persona per carne bovina.
- Il World Watch Istitute ha calcolato che se gli Stati Uniti diminuissero della metà il loro consumo di carne, ogni anno si risparmierebbero 105 000 000 di tonnellate di cereali, quantità sufficiente a nutrire i due terzi della popolazione indiana.
- Negli Usa l'industria della carne inquina l'acqua piú di qualunque altra attività dell'uomo a causa degli escrementi animali: 130 volte piú dell'intera popolazione umana.
- Il consumo di proteine animali, specialmente quelle contenute nella carne rossa, aumenta il rischio di contrarre malattie cardiovascolari, il cancro, il diabete e l'Alzheimer.
- Chiediamo consiglio al nostro medico per sapere in che quantità e attraverso quali alimenti assumere proteine.

Riduciamo il consumo di sostanze chimiche.

Diminuiamo l'utilizzo di prodotti per la pulizia della casa e per l'igiene personale di tipo sintetico, per la cui realizzazione è richiesta una quantità molto elevata di energia fossile. Inoltre, durante la fase di produzione e di uso, questi prodotti rilasciano nell'ambiente sostanze inquinanti che possono venire assorbite direttamente dal nostro corpo e da piante e animali o inquinare le acque di mari e fiumi. Queste sostanze viaggiano per lunghe distanze: gli Inuit dell'Artico, che vivono a migliaia di chilometri dalle sorgenti di inquinamento, sono fra le popolazione piú contaminate sul globo terrestre a causa delle correnti marine e dei venti che trasportano i prodotti chimici dall'Europa e dal Nord America. La via maestra per ridurre il numero di sostanze inquinanti è non acquistare i prodotti che li contengono, come detersivi, detergenti, prodotti per l'igiene personale, solventi, pesticidi.

• Preferiamo le sostanze naturali ai prodotti chimici per la pulizia della casa: il bicarbonato di sodio è ottimo per pulire fornelli, bagno e cucina (cinque cucchiaini da caffè in un litro di acqua tiepida); l'aceto (in acqua) per pulire i vetri; la pietra pomice per le macchie di calcare; acqua calda, bicarbonato di sodio, alcol e un cucchiaino di liquido per i piatti per pulire i pavimenti.

• I pesticidi (insetticidi, erbicidi, diserbanti, defolianti e fungicidi) fanno in fretta a entrare nel ciclo alimentare dell'uomo grazie alle piogge e all'irrigazione intensiva. Se abbiamo un giardino, tagliamo a mano le erbe infestanti ed evitiamo di usare gli erbicidi; iniziamo a riconoscere le erbe e gli insetti utili; rispettiamo i dosaggi: aumentare la dose non ha nessun effetto benefico sull'efficacia di queste sostanze.

• Per togliere le macchie sui tessuti usiamo l'acqua gassata o il sapone di Marsiglia; il burro serve per togliere le macchie di inchiostro e di catrame; un cubetto di ghiaccio è sufficiente per togliere un chewing-gum rimasto attaccato a un tessuto.

• Il biologico non si limita a ciò che mangiamo: esistono anche prodotti tessili, detergenti e cosmetici realizzati a partire da agricoltura biologica. Oramai ci sono negozi che vendono prodotti biologici in tutte le città italiane e si trovano marche biologiche in quasi tutte le catene di supermercati.

• Preferiamo le saponette alle schiume, che contengono molte piú sostanze chimiche inquinanti per l'ambiente.

• Una direttiva europea del 2003 impone il bando dei prodotti cosmetici testati su animali, a meno che non esistano metodi alternativi di sperimentazione. Per il 2013 è previsto il bando totale, anche se sarà possibile una deroga. Non acquistiamo prodotti testati su animali ma compriamo quelli col marchio «cruelty free» o «non testato su animali».

Ogni stagione ha i suoi frutti.

Il consumo di frutta e verdura fuori stagione necessita di molta energia perché questi alimenti o provengono da Paesi lontani (leggi: consumo di energia per trasportarli fino a casa nostra) o sono stati coltivati in serre speciali (leggi: consumo di energia per creare in maniera artificiale determinate condizioni climatiche). Portare in tavola un chilogrammo di pomodori fuori stagione, da novembre a maggio, significa contribuire all'emissione, grosso modo, di un chilo di CO_2; consumare un chilo di asparagi a maggio comporta il consumo di mezzo litro di benzina: a dicembre dieci volte di piú. Ecco le buone stagioni per alcuni alimenti. Tutto l'anno: carote, cavolo bianco, cipolle, patate, porri, verze (tranne aprile), barbabietole (esclusi aprile e maggio); primavera-estate: cetrioli; estate-autunno: broccoli, cavolfiori, fagioli, finocchi, indivia, lattuga, mais, peperoni, pomodori, scarola, zucchine, spinaci; giugno e luglio: piselli; da settembre a marzo: cavoli di Bruxelles.

Preferiamo i beni prodotti vicino a noi.

Per produrre 1 kg di fagiolini da colture in campo aperto si consumano, dalla semina al trasporto nei supermercati, 0,1 litri di petrolio. Lo stesso quantitativo proveniente dalla Spagna ne richiede il doppio o addirittura 48 volte tanto se il prodotto viene trasportato in aereo dal Kenya.

Compriamo il cibo e tutto quello che ci è necessario con la testa.

• Che sia il pranzo di Natale o di nozze, una festa di compleanno o per i cinquant'anni di matrimonio, valutiamo con saggezza la giusta quantità di cibo da preparare: le statistiche ci informano che gli italiani gettano nella spazzatura un terzo degli alimenti che comprano per Natale. Stiamo anche attenti alla data di scadenza: compriamo solo alimenti che siamo effettivamente sicuri di consumare prima della scadenza.

• Scegliamo i prodotti Ecolabel, il marchio con cui la Comunità Europea aiuta i consumatori nella scelta dei prodotti e dei servizi piú rispettosi dell'ambiente. Tutti i prodotti caratterizzati dal simbolo di Ecolabel (un fiore verde con dodici stelle come petali) hanno superato un rigoroso controllo di qualità da parte di organismi indipendenti. Tali criteri tengono conto di tutti gli aspetti del ciclo di vita del prodotto «dalla culla alla tomba»: produzione, uso, smaltimento finale. I prodotti Ecolabel sono piú di 160, suddivisi in 21 gruppi merceologici: dai materassi alle calzature, dai detergenti per la pulizia della casa agli elettrodomestici ai prodotti tessili. L'Ecolabel può essere apposto sull'imballaggio o sull'etichetta: cerchiamolo al momento dell'acquisto. L'elenco completo dei prodotti è consultabile sul sito web http://www.eco-label.com/italian

• Investiamo sugli sviluppi tecnologici che sono realmente amici dell'ambiente e che ci semplificano la vita: i pannelli solari; i prodotti di domotica che controllano a distanza (via telefono o internet) la nostra casa e ci fanno risparmiare energia; le auto che inquinano di meno, come quelle ibride, a metano, a Gpl (in attesa che finalmente arrivino sul mercato le auto a idrogeno); le lampadine a risparmio energetico; i doppi o tripli vetri a bassa emissività; i riduttori di flusso che fanno risparmiare anche il 50% di acqua. Molte delle innovazioni tecnologiche che vengono lanciate sul mercato si dimostrano non indispensabili e sostituiscono macchine che funzionano benissimo ma che hanno l'unica pecca di non avere una nuova funzionalità spacciata come rivoluzionaria.

• Il mito del «quanto piú consumiamo tanti piú posti di lavoro vengono creati e si diventa tutti piú ricchi» in realtà significa: «quanto piú consumiamo tanto piú ci impoveriamo di risorse». Ormai non è piú credibile chi spaccia per progresso il concetto di crescita infinita: se tutti gli abitanti del pianeta consumassero quanto un italiano servirebbero altri due pianeti; se la proporzione fosse fatta in base ai consumi di un americano di pianeti ne servirebbero altri tre. Il modo per aiutare il prossimo (e se stessi) è limitare il proprio impatto sull'ambiente. L'alternativa è continuare a usare e sprecare le risorse della Terra, nella speranza di non doverle andare a prendere un giorno con le armi...

• Evitiamo l'usa e getta, soprattutto se creiamo rifiuti non riciclabili o riutilizzabili. Compriamo prodotti di migliore qualità che durano piú a lungo: in genere hanno un costo maggiore ma ci rendiamo facilmente conto che alla lunga ci fanno risparmiare. E quando li utilizziamo ne siamo piú soddisfatti.

• Coltiviamo il nostro gusto personale, la nostra indipendenza, la nostra libertà di spirito, la nostra personalità, senza lasciarci influenzare dalle mode (che sono sempre transitorie) e dalla pubblicità (che ci induce a ritenere reale un mondo di fantasia...)

• Preferiamo i prodotti del commercio equo e solidale, attraverso cui possiamo promuovere un uso sostenibile delle risorse del terzo mondo e una relazione paritaria fra tutti i soggetti coinvolti nella catena di commercializzazione: produttori, lavoratori, importatori, commercianti e consumatori. Le organizzazioni che lavorano nel «made in dignity» si impegnano a promuovere un ambiente lavorativo sicuro e salutare per i produttori, con acqua potabile, adeguate strutture igieniche e accesso all'assistenza medica di base. Non compriamo animali o piante protetti, esotici o in via di estinzione.

Compriamo con lentezza, senza frenesia.

• Non compriamo sulla base di un impulso momentaneo ma lasciamo maturare la nostra voglia. Spesso dopo qualche giorno un acquisto che ci sembrava indispensabile e urgente si avvera come procrastinabile o secondario. Compriamo sulla base dei nostri bisogni reali: ricordiamoci che ogni volta che acquistiamo un nuovo oggetto stiamo consumando, indirettamente, energia e risorse del pianeta e, come dimostra l'esperienza, non stiamo comprando la nostra felicità...

- C'è chi si ritiene assolutamente impermeabile alla pubblicità. In realtà chiunque è influenzato e influenzabile dai messaggi pubblicitari che ci sommergono ogni giorno. Impariamo a godere dello spettacolo della pubblicità (diversi lavori pubblicitari sono delle vere e proprie opere d'arte) senza farci prendere per il naso. Analizziamo il prodotto in base alla sua reale funzione e utilità: ci renderemo conto che l'acquisto di gran parte dei beni propagandati come assolutamente indispensabili fa felici solo chi li vende.
- Prendiamo tempo prima di comprare un oggetto, specialmente se si tratta di un investimento consistente. Informiamoci in piú punti vendita (è un nostro diritto) direttamente al negozio o per telefono. Anche internet è un ottimo mezzo per confrontare beni di diverse aziende. Chiediamo se è possibile provare il prodotto prima dell'acquisto o facciamocelo imprestare da qualche amico.
- Compriamo in base al criterio del bisogno, non quello del risparmio (spesso illusorio). Non lasciamoci abbindolare dalle offerte commerciali come «quattro al prezzo di tre», «inizi a pagare fra 12 mesi», «trentasei comode rate mensili». Queste sono abili promozioni commerciali per invogliare le persone a comprare anche quando non ne hanno una necessità impellente.
- Leggiamo con attenzione le etichette per sapere quali sono le composizioni dei prodotti prima di comprarli. Preferiamo i prodotti naturali.

Una piccola azione tanto per incominciare.

Sia che facciamo la spesa al supermercato oppure dal fruttivendolo sottocasa, compriamo solo frutta e verdura di stagione: ne traggono profitto il palato, l'ambiente e anche il portafoglio.

Parole chiave del capitolo

Gruppo di acquisto: l'unione fa la forza... del consumatore.
Dieta vegetariana: meno carne, piú frutta e verdura per essere sani e consumare meno energia.
Usa e getta: preferiamo i prodotti che possono avere una seconda vita.
Biologico: senza concimi chimici, allevamenti intensivi e pesticidi l'ambiente e il gusto ci guadagnano.
Lentezza: facciamo maturare il nostro desiderio di acquistare

Ricordiamoci che...

La produzione di un hamburger di carne bovina richiede tanto petrolio quanto quello necessario per far percorrere a un'auto una trentina di chilometri e abbastanza acqua per farsi una quindicina di docce. Per produrre 1 kg di proteine animali è necessaria una quantità d'acqua circa 100 volte maggiore che per produrre 1 kg di proteine vegetali. Una dieta ricca di grassi animali, come quelli contenuti nella carne bovina, aumenta il rischio di contrarre malattie cardiovascolari, cancro, diabete e Alzheimer.

Capitolo settimo

In vacanza

In vacanza alcuni amano trascorrere pomeriggi sonnacchiosi in compagnia di un buon libro, altri non possono fare a meno del ritmo frenetico della città anche se si trovano su una spiaggia tropicale, altri ancora viaggiano per conoscere una nuova parte di mondo e di umanità. A qualunque tipologia di viaggiatori apparteniamo, quando andiamo in vacanza rappresentiamo dei consumatori in piú nel luogo che abbiamo scelto e possiamo lasciare tracce piú o meno vistose del nostro passaggio. Infatti, un conto è il turismo intensivo delle settimane imbiancate dalla neve artificiale o il lusso kitsch dei villaggi turistici in paradisi (un tempo) incontaminati; un altro è conoscere in punta di piedi un Paese o una città d'arte. Sono i numeri a chiarirci le idee: le persone che viaggiano in un anno sono almeno cinque miliardi per un totale di sei miliardi di spostamenti; i viaggi verso paesi esteri sono stati 760 milioni nel 2004, il 10% in piú rispetto al 2003. Nel settore turistico lavorano in tutto il mondo 127 milioni di persone per un fatturato di 3500 miliardi di dollari, equivalente al 6% del Pil mondiale: si tratta della prima voce negli scambi commerciali globali. L'80% degli spostamenti internazionali è appannaggio dei residenti di soli venti paesi, quelli piú ricchi. A partire da tali numeri è facile comprendere come il turismo non sia solo un'attività che rigenera lo spirito, ma anche un'attività imprenditoriale che ha consistenti risvolti economici e un peso enorme sull'ambiente. Uno dei fattori piú rilevanti di inquinamento legato al turismo è costituito dai viaggi in aereo: in che modo questo mezzo di trasporto, tanto affascinante quanto veloce, inquina il pianeta?

Turismo e problema trasporti.

Aereo: inquinamento in alta quota.

Benché in media solo lo 0,5% degli spostamenti mondiali avvenga in aereo, dell'energia totale destinata ai trasporti il 5% è consumata per viaggi aerei. Il combustibile degli aerei, il cherosene, è di origine fossile perché prodotto a partire dal petrolio; valgono dunque tutte le considerazioni di carattere ambientale e sanitario che abbiamo descritto per le fonti energetiche di questo tipo. Si stima che il trasporto aereo contribuisca per il 3,5% al cambiamento del clima provocato dall'uomo e che le emissioni di CO_2 del trasporto aereo ammontino a circa il 2% di quelle totali per le attività umane e al 13% di quelle per i trasporti. Gli aerei emettono anidride carbonica, ossidi di azoto e ossidi di zolfo: tra i 17 e i 20 km di altezza (alta troposfera) gli aerei supersonici e tra i 9 e i 13 km di altezza (bassa stratosfera) quelli subsonici.

Basso costo, alto impatto.

Dagli anni Sessanta fino al 2000 il numero di passeggeri in aereo è aumentato di circa il 5% ogni anno. Dopo la crisi tra il 2000 e il 2002, il numero ha ricominciato a crescere grazie allo sviluppo delle compagnie aeree a basso costo, le cosiddette «low cost». Se fino al 2004 erano garantiti collegamenti a basso prezzo quasi esclusivamente fra i paesi dell'Europa occidentale, oggi le rotte si sono estese anche ai paesi dell'Europa centrale e orientale. Il fenomeno delle low cost sta prendendo piede anche in Asia, nel Medio Oriente, nel Pacifico e a livello intercontinentale, principalmente fra l'Europa e le Americhe. A questo punto il portafoglio sorride, ma se si considera l'inquinamento prodotto per una tratta tipica il buonumore si trasforma in turbamento. Per un viaggio andata e ritorno fra Milano e Parigi (700 chilometri circa) si possono spendere anche meno di 50 euro con un volo low cost, ma si emettono circa 120 chili di CO_2 a passeggero, contro i 20 chili per la stessa tratta percorsa in treno. Il treno andrebbe cosí preferito all'aereo tutte le volte in cui esiste un collegamento per noi sufficientemente veloce. Lo stesso ragionamento vale per i collegamenti interni in Italia e per una parte consistente dei collegamenti fra il nostro paese e le nazioni a noi vicine.

Ogni vacanza ha il mezzo di trasporto giusto.

Quando finalmente si arriva a destinazione, con quale mezzo ci si muove? Come abbiamo già avuto modo di spiegare, trasporto pubblico, bicicletta, cavallo, gambe sono i mezzi da preferire all'auto. paesi come Danimarca, Olanda e Belgio sono un paradiso per gli amanti della bicicletta, mentre ogni località della Svizzera (anche la piú piccola) è raggiunta da un mezzo pubblico: treno, autobus, funivia, traghetto. A qualcuno attraversare gli Stati Uniti sui celebri coach della Greyhound può sembrare un'esperienza noiosa, ma è un espediente piú economico e spesso rilassante del noleggio di un'auto e consente di conoscere il paese e i suoi abitanti (che sono dei grandi chiacchieroni specie in bus sulle lunghe percorrenze) con maggiore facilità. Il mare è una splendida piattaforma da solcare col vento in poppa, non un'autostrada o un autodromo su cui viaggiare con moto d'acqua e motoscafi. Chi ha attraversato il Mediterraneo o è andato da una sponda all'altra dell'Atlantico in barca a vela ha vissuto esperienze uniche e indimenticabili. E le gambe, il primo mezzo di locomozione «scoperto» dall'uomo? Attraversare la Corsica da una costa all'altra a piedi, dormendo nei rifugi di montagna, o percorrere le numerose vie dei pellegrini di tutta Europa sono modi che ci dicono che per passare delle belle vacanze il petrolio proprio non serve.

L'esperienza.

Le motivazioni che spingono a scegliere la meta di un viaggio possono essere molteplici: il racconto appassionato di un amico, la lettura di un libro che ha colpito nel segno, la pubblicità delle agenzie viaggio. Ma lo stimolo del viaggio di Matteo, trentacinquenne milanese, e il mezzo da lui scelto sono assolutamente unici. Ecco il suo racconto.

In occasione dell'allargamento dell'Unione Europea ai paesi dell'Europa dell'est, nel maggio del 2004 ho deciso di andare alla scoperta di questa porzione di vecchio continente con un mezzo di trasporto antico, lento e con un tocco umano: la bici. In cinque mesi ho visitato (nell'ordine): Malta, Cipro, Turchia, Ungheria, Slovacchia, Repubblica Ceca, Slovenia, Polonia, Estonia, Lettonia e Lituania. Nel corso del viaggio ho deciso di visitare altri paesi, come Romania e Bulgaria, che entreranno nella UE nel 2007, e la Russia. In bici, sulla mia Poderosa III (in realtà la I e II non sono mai esistite), ho percorso 8500 chilometri, ininterrottamente da Istanbul, in Turchia, a San Pietroburgo, in Russia. La bicicletta si è rivelata un ottimo grimaldello per scardinare timidezze e stabilire un contatto e una relazione semplice e immediata: diverse volte sono stato avvicinato da persone che volevano sapere da dove venivo, dove andavo, se avevo visitato la loro città o che volevano semplicemente conoscere meglio la mia bici. Se avessi fatto il viaggio in auto non mi sarei creato questa possibilità di contatto, l'aspetto piú affascinante in assoluto del viaggio. Non sono un ciclista esperto, ma il bello della bicicletta è proprio questo: è cosí semplice che difficilmente riserva delle brutte sorprese. E, in ogni caso, si trova sempre qualcuno in grado di metterci le mani e aggiustarla. Non è indispensabile avere delle condizioni fisiche eccezionali per affrontare un viaggio come quello che ho fatto io: è sufficiente essere in buona salute e aver fatto per alcuni mesi prima della partenza delle belle scampagnate la domenica in bicicletta. I requisiti indispensabili sono invece avere la voglia di sperimentarsi e tanta curiosità. Vale la pena di spendere un po' di tempo per organizzare per bene il viaggio: cosí si inizia a pregustarlo. Un primo consiglio è cercare di tenere la distanza giornaliera sempre al di sotto delle proprie possibilità, in modo da avere tempo per fermarsi e fare dei cambiamenti di programma. Gran parte dei paesi che ho visitato sono costellati da scempi ambientali tremendi, ma anche da luoghi splendidi e visitarli in bici consente realmente di esserci immerso: sei esposto alla natura, la vivi sulla pelle, senza niente che ti separa dal paesaggio. L'Europa orientale nasconde bellezze straordinarie, come i monasteri mozzafiato della Bulgaria, come quello di Rila, sopra quota mille metri. È uno dei ricordi piú belli di tutto il viaggio anche se per arrivare fin lassú mi sono ritrovato in mezzo a una piccola tempesta di neve. Oppure quella Transilvania che gli ungheresi ancora rimpiangono e che meriterebbe assai piú della sua fama vampiresca.

Matteo, precorrendo 8500 km in bicicletta, non ha emesso nessuna molecola di anidride carbonica. Se li avesse percorsi in auto a benzina catalizzata avrebbe provocato l'emissione di 850 chili di CO_2.

Che cosa fa il turista ecologico prima di partire?

• Un viaggio ecologico necessita di un minimo di organizzazione prima della partenza. Cerchiamo di capire quale sia il mezzo di trasporto piú efficiente dal punto di vista ambientale da utilizzare una volta sul posto. Diversi siti internet e guide turistiche elencano gli ecoalberghi e gli agriturismi; privilegiamo servizi di accoglienza (trasporti, alloggi, ristorazione) a carattere familiare o su piccola scala.

• Prima di comprare un viaggio organizzato, informiamoci su quanti saranno gli spostamenti e con quali mezzi, sulle caratteristiche dei luoghi di soggiorno, se sono previste delle attività insieme alle popolazioni locali, se si mangerà cibo locale oppure importato dall'estero. Chiediamo la trasparenza sull'importo che paghiamo, per sapere quale percentuale del prezzo finale rimane alle comunità ospitanti.

• C'è chi sa tutto su Bali e la barriera corallina australiana ma non ha mai visitato l'*Ultima Cena* di Leonardo da Vinci a Milano o non sa com'è fatta la Piazza dei Miracoli di Pisa. Se non abbiamo mai visto le bellezze del nostro paese, iniziamo da qui il nostro viaggio di conoscenza del mondo: si risparmiano energia e, il piú delle volte, soldi rispetto a un viaggio in un paese lontano.

• Se possibile non partiamo nei periodi di alta stagione, quando il picco di visitatori mette ancor piú in pericolo eventuali habitat delicati che vogliamo visitare. Ormai una buona parte dei negozi in città rimane aperta anche nel mese di agosto e non c'è piú il rischio, come accadeva fino a una decina di anni fa, di dover fare dei chilometri prima di trovare un panettiere o un lattaio aperti.

... E una volta arrivato a destinazione?

• Anche quando siamo lontani da casa valgono ovviamente le stesse regole finora elencate nel corso del libro. Una fra tutte: consumiamo cibo locale e di stagione. Proviamo e scopriamo nuovi gusti: anche questo fa parte di un viaggio di conoscenza. Che cosa c'è di piú sconsolante che mangiare una fetta di gorgonzola o dei ravioli «made in Italy» seduti su una spiaggia tropicale o nel bel mezzo di una foresta canadese? Quando siamo all'estero, non chiediamo cibi che vengono fatti venire apposta (in aereo) per occidentali schizzinosi e nostalgici.
• Scegliamo gli alberghi ecologici, che si impegnano a risparmiare acqua ed energia, a cambiare lenzuola e asciugamani solo quando effettivamente serve, a effettuare la raccolta differenziata e a noleggiare biciclette. In tutta Europa esistono almeno un migliaio di strutture ricettive che si rifanno a regole ambientali e che si sono unite nella rete VISIT. In Italia ce ne sono circa 130 e sono raccolte sul sito web http://www.legambienteturismo.it.
• Nei paesi in sviluppo, dove non esistono certificazioni che garantiscono standard ambientali minimi, privilegiamo strutture ricettive e ristoranti che smaltiscono correttamente i rifiuti, che sono allacciati alla rete fognaria, che servono cibi locali e di stagione e non sfruttano la manodopera.

Mal di montagna...

Il turismo in punta di piedi di cui stiamo parlando dovrebbe essere il modello fra le vette che tanto amiamo perché quello montano è uno fra gli ecosistemi piú fragili che esistano. La montagna è una meta adorata da turisti in tutte le stagioni: in estate per fare delle belle passeggiate e perché il clima è meno torrido rispetto alle pianure, in inverno per praticare gli sport sulla neve. L'Italia ha la fortuna di ospitare sul proprio territorio le Alpi, una delle mete turistiche piú gettonate a livello mondiale: sessanta milioni di visitatori ogni anno. Per comprendere l'impatto di questa valanga umana basti segnalare che la proporzione è di 4,6 turisti per ogni abitante fisso delle Alpi. Talvolta, pur di fare posto a nuove piste e impianti di risalita che garantiscano facili sciate, gli enti locali non stanno troppo attenti alle conseguenze del disboscamento che impoverisce ed erode il terreno favorendo le frane. Negli ultimi anni si sono messi di mezzo anche i cambiamenti climatici, che hanno comportato la diminuzione del numero di giorni con neve sicura: sul Col de Porte (1320 m s.l.m.) in Francia, negli ultimi quaranta anni il numero dei giorni con un manto nevoso di almeno 20 cm si è ridotto di circa il 15%. In futuro molte stazioni sciistiche che si trovano a quote troppo basse avranno gravi problemi di innevamento (per un grado in piú della temperatura media il limite degli zero gradi si sposta di 150 m verso l'alto) e se vorranno mantenersi vive nel mercato turistico dovranno realizzare impianti di innevamento artificiale. Per produrre la neve artificialmente occorrono acqua, aria ed energia: si stima che il consumo energetico totale degli impianti di innevamento dell'intero arco alpino (23 800 ettari di piste innevate, di cui 9000 in Italia) sia pari a 600 GWh l'anno, corrispondente al consumo annuo di energia elettrica di una città di mezzo milione di abitanti. Anche il consumo di acqua è massiccio: ogni anno circa 95 milioni di metri cubi, che corrisponde al consumo di una città di 1,5 milioni di abitanti. L'acqua viene attinta da torrenti, fiumi, sorgenti o dalla rete dell'acqua potabile anche, e soprattutto, in periodi in cui la sua disponibilità è soggetta a vincoli e fiumi e torrenti raggiungono il livello di magra. L'acqua utilizzata per l'innevamento contiene una quantità di sostanze minerali nettamente superiore alla pioggia o alla neve e provoca effetti concimanti indesiderati. Talvolta si presenta il rischio di una diffusione sulla superficie di sostanze nocive e agenti patogeni, con effetti non solo sulla vegetazione e sul suolo, ma anche sulle sorgenti e sull'acqua freatica. Ecco alcuni consigli su come essere turisti ecologici anche in montagna.

• Adattiamo il nostro piacere al clima, alle stagioni e alle condizioni climatiche che troviamo. Non andiamo in località dove sappiamo che la neve è artificiale. Se vogliamo fare dello sci, scegliamo destinazioni dove la neve fresca è abbondante. Evitiamo di andare a fare la settimana bianca nei mesi in cui non nevica e l'innevamento non può che essere artificiale.

• Lo sci di fondo non richiede l'utilizzo degli impianti di risalita, che sono diecimila in tutte le Alpi. Si tratta di una attività meno invasiva e piú rispettosa dell'ambiente e della natura dello sci alpino.

• La montagna ci offre in maniera gratuita e generosa un immenso patrimonio ambientale. Per divertirsi e stare bene in montagna non servono né motori, né petrolio, né gas di scarico. Bastano i nostri sensi e i nostri sentimenti. Eliski, motoslitte, moto da trial, quad e veicoli fuoristrada sono mode che consumano la montagna e la inquinano.

• Preferiamo le destinazioni dove gli enti locali hanno investito sul rispetto dell'ambiente e non sul cemento. Gli esempi (in negativo e in positivo) sono numerosi in tutte le Alpi.

Tutti al mare a far vedere come si risparmia energia...

• Preferiamo remi, vele e pedalò a moto d'acqua, motoscafi e gommoni.

• Attenzione ai rifiuti: non interriamoli nella sabbia. Ecco il tempo di biodegradabilità di alcune tipologie di rifiuti secondo i dati di Legambiente: sigaretta senza filtro: 3 mesi; fazzoletto di carta: 3 mesi; fiammiferi di legno: 6 mesi; sigaretta con filtro: 1-2 anni; lana: 3 anni; gomma da masticare: 5 anni; carta plastificata: 5 anni; lattina di alluminio: da 10 a 100 anni; nailon 35 anni; pelle conciata: 50 anni; suole: 75 anni; accendino di plastica, sacchetto di plastica e bottiglia di plastica: almeno 100 anni; bancomat: 1000 anni.

• Preferiamo gli stabilimenti balneari che effettuano la raccolta differenziata dei rifiuti e che producono l'acqua calda con l'energia solare. Gli stabilimenti balneari ecologici sono molto diffusi sulla costiera romagnola, ma ormai se ne trovano sulle spiagge di tutte le regioni.

Vacanze alternative.

• Porte Aperte. Ci sono svariati modi per conoscere un paese straniero senza recitare la parte del «corpo estraneo». Uno fra i piú intensi e significativi è quello di essere ospitati in famiglia. Esistono diverse associazioni che mettono in contatto chi cerca ospitalità per alcuni giorni (in genere due o tre) e chi la offre in maniera gratuita. Una di esse è «Servas», termine dell'esperanto che significa «serviamo» o «potete contare su di noi», che conta circa 12 000 membri in tutto il mondo. L'unica cosa che è obbligatorio offrire all'altro (oltre a un letto) è la disponibilità a passare del tempo insieme per conoscersi. Chi apre le porte di casa a soci Servas è spesso anche un ecologista convinto: può capitare facilmente di essere ospitati in una casa sul cui tetto è installato un pannello solare, nelle vicinanze di un parco eolico, o mangiare cibo biologico prodotto nell'orto dietro casa, o pernottare presso una famiglia che produce dell'ottimo vino biologico... Ospitare un viaggiatore è un bel modo per «viaggiare stando a casa»; essere ospiti di una famiglia è conoscere dal di dentro una cultura a noi estranea.

• Campi di volontariato. Partecipare a un campo di volontariato è una maniera istruttiva e divertente di fare del bene all'ambiente o aiutare chi è in difficoltà. I campi vengono organizzati principalmente nel periodo estivo e coinvolgono i partecipanti nelle attività piú svariate: recupero e ripristino ambientale, studio e ricerca naturalistica e archeologica, attività subacquee, ricreative e di supporto per portatori di handicap e malati mentali, lavori di miglioramento di ambienti naturali e sensibilizzazione delle popolazioni locali, studio delle risorse storico-culturali, sorveglianza del patrimonio forestale e l'elenco potrebbe essere ancora molto lungo. I campi possono durare da qualche settimana a diversi mesi. Ci sono campi di volontariato nazionali e internazionali, cioè aperti a persone che provengono da tutto il mondo. La lingua ufficiale dei campi internazionali è generalmente l'inglese, per cui l'esperienza del campo diventa un modo per praticare questa lingua. Sono numerose le associazioni di volontariato italiane che li organizzano. Informiamoci presso quelle con cui sentiamo una maggiore affinità. A livello internazionale segnaliamo il Servizio civile internazionale (http://www.sci.it).

• Viaggi organizzati responsabili. È meglio organizzare da soli il proprio viaggio o affidarsi a un'agenzia? Dipende. Non esistono solo le agenzie viaggi che vendono pacchetti preconfezionati che prevedono pranzi a base di penne tricolori anche all'altro capo del mondo. Ultimamente si sono sviluppate delle agenzie che organizzano viaggi, per lo piú itineranti, a basso impatto sull'ambiente. Dal trekking fra i ghiacci e i geyser dell'Islanda, alla traversata del deserto del Sahara a dorso di dromedari, alla risalita in barca del fiume Niger, le proposte sono le piú svariate. L'obiettivo del viaggio è di entrare in contatto con le comunità locali senza passare per l'industria del turismo di massa, rispettando gli usi locali e incidendo il meno possibile sul consumo di risorse. Per avere un'idea delle proposte di itinerari e delle agenzie impegnate in questo settore, ci si può rivolgere all'Associazione italiana turismo responsabile (http://www.aitr.org).

Turismo etico.

• Se compriamo un viaggio organizzato, verifichiamo che una parte di ciò che paghiamo all'agenzia venga ridistribuito localmente in modo equo e che si verifichi una ricaduta positiva sull'economia locale.

• Contrattare sul prezzo in certi paesi è una prassi consolidata, ma ricordiamo che ciò che per noi è una cifra irrisoria per chi ci sta davanti rappresenta spesso il costo di un pasto per sé e la propria famiglia.

• Facciamo attenzione ai «ricordini» che ci riportiamo a

casa: certi souvenir possono accelerare l'estinzione di alcune specie animali e vegetali. Secondo i dati della Lega AntiVivisezione, sono almeno 500 000 gli animali esotici in Italia, di cui 40 000 rettili e 3000 felini esotici (leoni, leopardi, etc.). Il giro di affari mondiale del commercio di animali esotici è di 25 miliardi di euro, di cui almeno un terzo illegale.

Una piccola azione tanto per incominciare.

Come trascorrere il pomeriggio di una soleggiata domenica di primavera se non prendendo la bici, dimenticata da anni in cantina, e andare a fare una bella scampagnata? È sufficiente uscire pochi chilometri dalle nostre città per trovarsi in mezzo alla natura. Sull'80% dei treni regionali in tutta Italia si può salire con la bici pagando un sovrapprezzo di 3,50 euro. Sui treni Intercity ed Eurostar le bici viaggiano gratis: è sufficiente metterle in una sacca di dimensioni non superiori a cm 80 × 110 × 40.

Parole chiave del capitolo.

Low cost: basso costo, alto impatto.
Turismo responsabile: andiamo in vacanza con la testa e col cuore.
Neve artificiale: un grande spreco di risorse che danneggia il delicato ambiente montano.
Stabilimenti balneari ecologici: al mare preferiamo i bagni che rispettano l'ambiente.
Porte aperte: viaggiare pur rimanendo a casa.

Ricordiamoci che...

Per ogni chilometro che percorriamo in aereo vengono emessi, in media, 180 kg di CO_2. Teniamone conto quando organizziamo le vacanze.

Capitolo ottavo

Al lavoro

Computer, stampanti, fotocopiatrici, largo uso di carta e inchiostro: gli ambiti di lavoro sono caratterizzati da un enorme consumo di energia e risorse, consumo che negli ultimi anni è aumentato a causa della diffusione degli impianti di condizionamento dell'aria. Le opzioni per ridurre i consumi sono molteplici e le aziende hanno compreso che investire nell'efficienza non significa solo diminuire i costi di gestione dei propri uffici ed essere piú competitivi sul mercato, ma anche migliorare il comfort dei dipendenti e la produttività aziendale. Anzi: lo spreco di energia può essere considerato il sintomo di una scarsa attenzione del management per tecnologie innovative e per la creazione di uno spazio lavorativo moderno.

Esistono varie tipologie di uffici, ciascuna caratterizzata da un consumo e da un fabbisogno energetico differenti. Un ufficio di un libero professionista può occupare un semplice appartamento in un edificio residenziale, mentre le sedi nazionali o regionali di aziende private o amministrazioni pubbliche possono estendersi a interi edifici e coprire superfici anche di 20 000 m^2. I consumi, i fabbisogni energetici e le sacche di spreco possono essere cosí le piú diverse. Nei moderni edifici a piú piani adibiti a uffici, le ricerche indicano comunque che i consumi maggiori sono dovuti all'impianto di aria condizionata (36% del totale di energia consumata) e all'impianto per il riscaldamento e la produzione di acqua calda (26%). Segue l'energia per gli apparecchi da ufficio (15%) e l'illuminazione (12%). Poiché dal punto di vista energetico gli uffici sono sistemi molto complessi da analizzare (vi funziona un numero elevato di apparecchi elettrici, possono avere una sala computer o una sala mensa da climatizzare, etc.) per capire dove si annidano gli sprechi e come fare per ridurli vengono in aiuto le Energy Service Companies (Esco), società che si occupano proprio di abbattere gli sperperi di energia e rendere gli spazi aziendali energeticamente piú efficienti. Vediamo in dettaglio in che modo.

Esco: servizi energetici su misura.

Che cosa sono?

Il lavoro di una Esco si sviluppa in piú fasi. Per prima cosa viene effettuata una diagnosi energetica dei sistemi di produzione di energia, dell'involucro edilizio e degli impianti di illuminazione per individuare inefficienze e possibili ambiti di intervento. Successivamente si propone al cliente un pacchetto di servizi che consentano un utilizzo piú efficiente dell'energia, una riduzione dei consumi e, di conseguenza, dei costi. Il contratto con una Esco ha durata pluriennale e, tipicamente, prevede che il cliente paghi a questa società lo stesso importo che pagava in precedenza per riscaldamento ed energia elettrica; l'utile per la Esco proviene dai risparmi determinati dagli interventi. Al termine del contratto il cliente inizierà a pagare la quantità di energia che effettivamente consuma, quindi meno di quanto non sborsasse prima dell'intervento.

Vantaggi.

I vantaggi diretti per il cliente consistono in una maggiore efficienza energetica dei propri impianti nonché, alla scadenza del contratto, in una diminuzione dei costi energetici. I vantaggi indiretti sono l'assenza di rischi finanziari, poiché in caso di intervento sbagliato e non remunerativo è la Esco a risponderne; l'opportunità di realizzare interventi anche in mancanza di risorse finanziarie proprie; la possibilità di non occuparsi delle problematiche connesse alla gestione e alla manutenzione dell'impianto, attività che non sono strategiche per l'azienda.

A chi si rivolgono?

Una Esco realizza interventi di risparmio energetico per grandi consumatori di energia: uffici, stabilimenti, condomini con spese per consumi energetici di almeno 30 000 euro l'anno (circa 30 appartamenti), ospedali, università e scuole. Le Esco sono attive in Italia ormai da qualche anno (negli Stati Uniti esistono da diversi decenni) e si differenziano notevolmente dalle aziende che offrono servizi di semplice gestione del calore, cioè che si impegnano a far mantenere certe condizioni di comfort, soprattutto in inverno, all'interno dell'edificio.

L'esperienza.

Un esempio di cooperazione tra privato (Esco) e pubblico (amministrazione comunale) è stato realizzato nel comune milanese di Trezzano Rosa dove si era resa necessaria la sostituzione dei lampioni stradali perché presentavano alcuni problemi di sicurezza e non rispondevano alle richieste della nuova normativa della Regione Lombardia contro l'inquinamento luminoso. Il comune, però, non avendo le risorse sufficienti per finanziare l'intervento, ha pubblicato un bando rivolto alle Esco in cui chiedeva esplicitamente all'azienda vincitrice di provvedere al cambiamento dell'illuminazione attraverso un finanziamento in conto terzi, cioè tramite una banca o a un altro ente erogatore di fondi. La Esco vincitrice del bando ha installato nuovi lampioni che rispetto a quelli vecchi consumano un terzo in meno di energia. Il contratto durerà fino al 2017 e si prevede un risparmio di oltre 250 000 euro da destinare per metà a beneficio del comune, che cosí creerà un fondo tramite cui attivare iniziative di carattere ambientale, e per l'altra metà alla Esco, che potrà rimborsare il finanziamento iniziale. Trezzano Rosa è stato anche l'unico comune europeo che nel 2003 ha ricevuto il premio GreenLight Awards, premio che l'Unione Europea consegna a chi sviluppa progetti di risparmio energetico sull'illuminazione (vedi cap. 3: «L'esperienza»).

Vademecum del capoufficio ecologista.

Nel caso in cui l'ufficio occupi un appartamento in un edificio residenziale, un capo che vuole essere ecologista può anche evitare di rivolgersi a una Esco ma può impegnarsi in prima persona ad affrontare il problema del risparmio di energia seguendo una procedura in cinque tappe:

1) Fare una lista di tutti gli apparecchi elettrici, grandi e piccoli, del proprio ufficio e calcolare quanta energia consumano.

2) Probabilmente la sfilza di apparecchi sarà inaspettata: ci saranno alcuni oggetti assolutamente inutili e doppioni da eliminare.

3) Verificare se in commercio esistono apparecchi elettrici che consumano meno energia di quelli adottati in ufficio.

4) Fare un *business plan* nel quale rientri anche una maggiore efficienza energetica delle apparecchiature usate.

5) Discutere del *business plan* coi propri impiegati e coinvolgerli nelle iniziative di risparmio di energia che si vogliono attuare. Si può anche contattare un tecnico di tematiche energetiche che spieghi in un incontro di qualche ora quali sono i vantaggi economici, ambientali e di comfort derivanti dalle tecniche di risparmio energetico.

Apparecchi elettrici.

- Compriamo gli apparecchi elettrici piú efficienti anche se meno a buon mercato: una stampante a getto d'inchiostro consuma il 90% di energia in meno rispetto a una laser; lo stesso vale per un laptop, che consuma anche il 90% in meno di energia di un desktop.
- Preferiamo i prodotti per ufficio contraddistinti dal mar-

chio di qualità «Energy Star». Possono essere etichettate le seguenti apparecchiature: computer, monitor, fax, stampanti, scanner, fotocopiatrici, dispositivi multifunzione e affrancatrici.

- Spegniamo PC, monitor, stampanti e fotocopiatrici la notte e durante i weekend. Non usiamo gli screen saver ma spegniamo completamente il computer.
- Quando compriamo uno di questi apparecchi, preferiamo i modelli a basso consumo e quelli che si spengono quando non sono in uso.
- Gli standby sono utili ma ci fanno spendere molta energia. Invece di usarli, spegniamo completamente gli apparecchi (sistematicamente di sera).

Illuminazione.

- In questo caso valgono tutte le considerazioni fatte nel cap. 2 sull'illuminazione efficiente e sulle lampade fluorescenti compatte, che se hanno un costo maggiore rispetto a quelle a incandescenza durano però anche dieci volte di piú.
- Illuminiamo direttamente le aree di lavoro, abbassando l'altezza dei lampadari per incrementare la quantità di luce utilizzabile.
- Installiamo delle cellule fotoelettriche che attivano l'illuminazione solo se la stanza è occupata. Usiamole per illuminare le aree esterne, i bagni, la stanza delle fotocopiatrici. Installiamo dei timer e dei sistemi di dimmeraggio che spengono la luce artificiale se quella naturale ha una intensità sufficiente.
- Pareti e soffitti vanno dipinti con colori chiari per rendere piú luminosi gli spazi.
- Potiamo regolarmente i rami degli alberi davanti alle finestre per non limitare l'intensità della luce naturale. Cerchiamo comunque il giusto compromesso tra l'avere una illuminazione naturale sufficiente e l'ombreggiamento estivo che evita l'uso del condizionatore.
- Non è indispensabile lasciare accese tutte le luci degli uf-

fici per il personale delle pulizie. Bastano poche luci per potersi orientare (casomai saranno loro a riaccenderle se ne avranno bisogno).

Aria condizionata.

• Regoliamo e controlliamo periodicamente i parametri del termostato e ricordiamo a tutti di non modificarli in continuazione.

• Non accendiamo l'aria condizionata nelle stanze abitualmente non occupate. Invece dell'aria condizionata, è una buona norma installare dei ventilatori sui soffitti per far circolare l'aria.

• I sistemi di raffrescamento vanno controllati in primavera, prima dell'arrivo dell'estate.

• Ricordiamo che per lavorare in maniera efficiente non è necessario stare in ufficio in maglione in piena estate. Questo vale soprattutto per certe banche, uffici postali, centri commerciali che sembrano celle frigorifere. Una grossa differenza di temperatura fra l'ambiente esterno e quello interno può danneggiare il nostro organismo, per cui facciamo in modo che tale differenza non sia eccessiva.

• Utilizziamo i sistemi idronici – pannelli radianti a pavimento in cui può scorrere acqua calda o fredda in funzione delle stagioni – per condizionare in estate (vedi cap. 3).

• Non aumentiamo le fonti di calore nelle stanze in cui lavoriamo: installiamo stampanti e fotocopiatrici nelle stanze non occupate dal personale, con sistemi di ventilazione e di raffrescamento separati rispetto al resto dell'ufficio.

Chiediamo alla nostra azienda di istituire la figura dell'«energy manager».

Per legge le aziende di medie e grandi dimensioni devono inserire nel proprio organico un energy manager (o avvalersi della sua consulenza), vale a dire una persona con l'incarico di gestire in maniera razionale i consumi energetici e promuovere un uso efficiente dell'energia grazie a interventi di lungo periodo. Si tratta di una figura introdotta in Italia nel 1991 per le imprese del settore industriale e del terziario con spese per consumi energetici superiori a circa 500 000 euro l'anno. L'energy manager può anche chiedere l'aiuto di una Esco e questo consente di integrare le due attività e di migliorare i risultati. Non tutte le aziende obbligate a farlo si sono avvalse di un energy manager. Se la nostra azienda è tra queste possiamo proporne la creazione giustificando la scelta con una maggiore efficienza lavorativa e una riduzione dei costi energetici per l'azienda.

Chiediamo alla nostra azienda di istituire la figura del «mobility manager».

Il manager del traffico, o mobility manager, è la figura che all'interno di un'azienda propone soluzioni di mobilità alternative al mezzo privato. La legislazione italiana, una delle piú avanzate al mondo, fin dal 1998 ha reso obbligatorio il mobility manager per le aziende pubbliche e private con piú di 300 dipendenti per unità locali o con oltre 800 dipendenti complessivi. Purtroppo dal 2000 non ci sono stati piú finanziamenti pubblici per la creazione dei manager del traffico e l'obbligo si può anche non rispettare perché non prevede sanzioni. In Italia esistono 47 mobility manager d'area, che svolgono l'attività di coordinamento dei singoli mobility manager d'azienda, che sono piú di 600 (nel nostro Paese sono circa 3600 le aziende potenzialmente interessate). Le aziende che si dotano di un manager del traffico si garantiscono notevoli vantaggi. Per prima cosa un aumento dell'accessibilità: un'azienda poco accessibile per dipendenti e visitatori ha una minore facilità a stare sul mercato. In secondo luogo si tratta di un segnale di attenzione verso i dipendenti, che arrivano in ufficio meno stressati e sono piú attivi sul lavoro. Le aziende possono utilizzare al meglio gli spazi aziendali e rendere piú efficienti i tempi di lavoro. È il caso della STMicroeletronics, che ha trasformato il parcheggio aziendale del suo stabilimento in provincia di Milano in un capannone industriale. Grazie a un insieme di iniziative (promozione del mezzo pubblico e della bici, car pooling, tariffe agevolate per l'uso dei mezzi pubblici, nuove navette aziendali) gli ottocento dipendenti di STMicroeletronics lasciano l'auto in garage ed evitano ogni giorno l'emissione in atmosfera di 5 tonnellate di CO_2. Il mobility manager dell'Istituto dei Tumori di Genova ha deciso varie iniziative per favorire il telelavoro tra i dipendenti, mentre la Nestlè di Parma ha promosso la formula 33-33-33: l'abbonamento al trasporto pubblico viene pagato per un terzo dal lavoratore, per un terzo dall'azienda e per un terzo dal comune di Parma. Il dipendente può anche comprare bici a prezzo scontato e se rientra a casa tardi la sera l'azienda gli rimborsa il taxi.

Cerchiamo energia pulita sul libero mercato.

Tutti i possessori di partita Iva possono scegliere da quale operatore comprare energia elettrica. Tra liberi professionisti, aziende, alberghi, consorzi, etc. si tratta di 7 000 000 di soggetti che, come si dice in termini tecnici, possono accedere al libero mercato dell'elettricità (gli altri consumatori dovranno aspettare il 2007, mentre il mercato del gas è già liberalizzato per tutti). La decisione di rompere il monopolio dell'Enel si regge sul presupposto che la libera concorrenza farà ridurre i prezzi: in effetti, oggi le aziende italiane pagano l'elettricità anche un terzo in piú rispetto al resto d'Europa. Il processo di liberalizzazione sta provocando la riorganizzazione delle aziende del settore elettrico e la nascita delle multiutilities, imprese che si occupano della distribuzione e della vendita di energia elettrica, acqua e gas. In Italia sono già alcune decine e per lo piú si tratta di ex aziende municipalizzate che distribuivano energia nelle grandi aree urbane ai tempi del monopolio Enel. Le multiutilities offrono tariffe differenziate in base ai consumi e alle fasce orarie. Esistono anche soluzioni contrattuali che garantiscono al cliente, in cambio di un sovrapprezzo minimo, di utilizzare energia elettrica prodotta senza emissioni di CO_2.

Business fotovoltaico.

L'energia solare fotovoltaica, cioè la produzione di elettricità col sole, non ha solo un elevato valore di carattere ambientale ma ne acquisisce uno economico grazie ai nuovi tipi di finanziamento chiamati «in conto energia» che stanno per entrare in vigore anche in Italia. Il finanziamento in conto energia prevede che chi installa un pannello solare fotovoltaico possa rivendere l'energia che produce al gestore della rete elettrica a un prezzo molto vantaggioso, senza nessun costo per lo Stato. In Germania, dove tale norma è in vigore da alcuni anni, il gestore della rete elettrica compra l'energia solare fotovoltaica a un prezzo che è circa quattro volte quello che ciascuno paga in bolletta e il sovrapprezzo dell'energia fotovoltaica viene spalmato fra i milioni di clienti elettrici che pagano cosí qualche millesimo di euro in piú in bolletta, cioè una cifra assolutamente irrisoria. Questa forma di promozione ha permesso uno sviluppo esponenziale del fotovoltaico in Germania che oggi è leader mondiale, insieme al Giappone, del mercato solare. Grazie al finanziamento in conto energia l'investimento iniziale per l'acquisto dell'impianto viene ammortizzato in circa 8 anni (questo valore dipende comunque dal livello di insolazione e dal dimensionamento dell'impianto), ma poi si produce energia gratis e ci si guadagna grazie all'energia prodotta in eccesso rispetto ai propri bisogni. Per affrontare l'investimento iniziale (1 kW fotovoltaico costa circa 6500 euro: un tipico impianto familiare da 3 kW costa perciò circa 20 000 euro) alcune banche stanno attivando linee speciali di finanziamento, come avviene già da diversi anni in Germania. In questo Paese ci sono agricoltori che hanno fatto fortuna col solare. Molti agricoltori hanno a disposizione grandi superfici dove installare l'impianto, come appezzamenti di terreno o tetti di stalle e granai. Producono cosí molta piú energia di quella di cui hanno bisogno e la rivendono al vantaggioso prezzo stabilito dalla legge tedesca.

Regole di buon vicinato...

In edifici adibiti a uffici e occupati da piú aziende, i costi e i consumi energetici possono essere superiori a quelli di un edificio occupato da un solo inquilino a causa della mancanza di comunicazione e del disinteresse per la valorizzazione di spazi e risorse comuni (scale, ascensori, parcheggi, aria condizionata, etc.). Coinvolgiamo anche gli altri inquilini nell'uso piú responsabile degli spazi comuni e prevediamo la contabilizzazione separata dei consumi energetici. Anche il proprietario dell'immobile potrebbe non essere invogliato a investire nell'efficienza se i costi energetici ricadono solo sugli inquilini (o viceversa): incontri e discussioni franche e approfondite possono far superare questi problemi visto che il risparmio dell'energia è interesse di tutti (inquilini e proprietari).

Regole d'oro dell'azienda ecologica.

- Se in azienda c'è la mensa, prevedere ogni giorno dei piatti per vegetariani e vegan. Diminuire progressivamente il consumo di carne e degli alimenti per la cui produzione si utilizza molta energia (vedi cap. 6). Utilizzare acqua in bottiglie di vetro o, ancor meglio, acqua del rubinetto filtrata (vedi cap. 5). Non usare piatti e posate di plastica o carta. Offrire la possibilità di comprare anche mezze porzioni (cosí si evita di buttare via inutilmente del cibo).
- Effettuare la raccolta differenziata dei rifiuti e spingere i propri dipendenti a fare una raccolta corretta e capillare (vedi cap. 4).

• Comprare macchinette del caffè che non prevedono la discesa automatica del bicchierino e della paletta di plastica ma che consentano di usare tazzine in ceramica.

• Le teleconferenze sono una valida alternativa alle spesso stressanti, costose e inquinanti missioni di viaggio (che quasi mai si trasformano in vacanze da sogno...) Se proprio dobbiamo viaggiare, preferiamo il treno all'auto e all'aereo (vedi cap. 1).

• Chiediamo all'azienda di favorire forme alternative al lavoro d'ufficio come il telelavoro o il part-time con la condivisione della stessa scrivania: una persona la usa al mattino, l'altra di pomeriggio.

• Visitiamo il sito web www.greeneffect.org per calcolare quanta energia consuma il nostro ufficio e quanta ne possiamo risparmiare.

• Usiamo cartucce per stampanti e toner ricaricabili. Limitiamo il consumo di carta e usiamo sempre quella riciclata (vedi cap. 9).

• Non buttiamo via vecchi computer, stampanti e fotocopiatrici: regaliamoli a scuole, associazione di volontariato, circoli ricreativi per giovani e persone anziane.

Facciamo diventare la nostra azienda a zero emissioni.

Tutte le attività di una azienda provocano una certa quantità di emissioni di gas a effetto serra ed è possibile compensarle finanziando attività di riforestazione oppure la costruzione di centrali elettriche pulite in Italia o all'estero o iniziative per il risparmio energetico. In tal modo l'azienda potrà dare il proprio contributo al raggiungimento degli obiettivi del Protocollo di Kyoto. Esistono alcune organizzazioni che calcolano le emissioni di anidride carbonica di tutte le attività lavorative e che propongono iniziative di abbattimento. Per prima cosa viene effettuato un audit energetico, cioè si analizzano i consumi e le fonti energetiche utilizzate. Poi si calcola al computer la quantità di anidride carbonica emessa. Già diversi aziende e artisti, fra cui i Simply Red e Leonardo di Caprio, hanno deciso di neutralizzare le proprie emissioni. Rivolgiamoci alle associazioni ambientaliste per sapere come fare.

Una piccola azione tanto per incominciare.

Il rito della macchinetta del caffè aiuta a staccare per qualche minuto dallo stress e dalla fatica del lavoro. Per rendere ancora piú dolce questo momento, invece della tazzina di carta o plastica usiamo una tazzina in ceramica. Se siamo fra i dirigenti dell'azienda, riflettiamo se non sia il caso di cambiare la macchinetta e di comprarne una che consenta di non sprecare inutilmente il bicchierino.

Parole chiave del capitolo

Esco: servizi energetici efficienti su misura.
Energy manager: colui che in azienda dovrebbe farci risparmiare energia.
Multiutilities: cerchiamo sul libero mercato quella che fa per noi.
Fotovoltaico: dal sole una nuova possibilità di business.
Telelavoro: il lavoro flessibile che fa risparmiare energia.
Abbattimento della CO_2: rendiamo la nostra azienda a zero emissioni.

Ricordiamoci che...

Rispetto a una stampante laser quella a getto d'inchiostro consuma il 90% in meno di energia; lo stesso vale per un laptop, che in confronto ai desktop consuma anche il 90% in meno di energia. Ricordiamocene la prossima volta che acquisteremo una stampante o un computer nuovi.

Capitolo nono

Risparmiamo la vita a un albero

Si dice che i cani siano i migliori amici dell'uomo. Senza nulla togliere all'affetto verso il genere umano di bassotti, san bernardo e cani lupo, probabilmente la nostra gratitudine dovrebbe andare dapprima agli alberi, senza i quali la vita sulla Terra non esisterebbe nella forma che conosciamo. Infatti, gli alberi aiutano l'uomo in molteplici modi: migliorano la qualità dell'aria in città assorbendo polveri e sostanze inquinanti; fanno diminuire la percentuale di umidità assimilando il vapore acqueo; le loro radici proteggono il suolo dall'erosione, che è sedici volte superiore in un terreno nudo che in un bosco; rendono piú fertile la terra; garantiscono la sopravvivenza di numerose specie animali; diminuiscono la violenza delle inondazioni. Ma, soprattutto, costituiscono il polmone verde del pianeta perché ripuliscono l'atmosfera dall'anidride carbonica e producono ossigeno tramite la fotosintesi clorofilliana: da una superficie di 1000 m^2 ricoperta interamente da alberi si produce in un anno circa una tonnellata di ossigeno. Nonostante ciò non si arresta l'abbattimento e lo sfruttamento intensivo degli alberi da parte dell'uomo. Si stima che a tutt'oggi siano stati abbattuti la metà degli alberi originariamente presenti sulla Terra e che vengano distrutti 260 000 m^2 di alberi al minuto, 36 campi di calcio l'uno accanto all'altro: in un anno un'area equiparabile a quella dell'Austria.

Il commercio illegale di legname contribuisce alla deforestazione e alla perdita di biodiversità e costituisce piú del 10% del commercio globale di legname, per un valore superiore ai 150 miliardi di dollari l'anno, interessando la metà delle attività forestali in Amazzonia, Africa centrale, Sud-Est asiatico,

Russia e Repubbliche Baltiche. Inoltre, l'abbattimento illegale degli alberi alimenta la corruzione e l'evasione fiscale e limita le risorse che i paesi produttori potrebbero investire per finanziare modelli di sviluppo sostenibile. Anche la deforestazione «legale» il piú delle volte non è sostenibile e servirebbero leggi e protocolli internazionali piú incisivi per proteggere il patrimonio verde del pianeta. Paradossalmente, la speranza nasce dalle città, proprio dove si consuma piú carta. È qui che si trovano le moderne foreste, cioè i cassonetti della raccolta differenziata dove finiscono quotidiani, imballaggi in cartone, vecchi quaderni e riviste che prendono la strada delle cartiere dove verranno riutilizzati.

Le mille vite di carta e cartone.

Che si può fare con carta, cartone e cartoncino usati?

Carta, cartone e cartoncino sono i materiale che si riciclano e recuperano piú facilmente. Da essi si possono ottenere nuovi fogli di carta, carta per quotidiani (quasi il 90% dei quotidiani è stampata su carta riciclata), articoli di cartoleria, carta igienica, imballaggi in cartone ma non solo. Con cartone e cartoncino si realizzano anche sedie, cassettiere, divani, librerie, giochi per bambini. Il cartone realizzato a partire dal macero viene anche utilizzato in edilizia in svariati modi: nelle casseformi a perdere in cartoncino per le colate di calcestruzzo, nei materiali di isolamento per intercapedini, sottotetti e pavimenti a base di fibre di cellulosa riciclata o negli espansi calandrati in cartone. Un altro settore importante per l'impiego di carta e cartone riciclato è quello del cartongesso (anima di gesso e malta racchiusa da una o due rivestimenti di cartoncino), utilizzato per realizzare divisioni interne, archi, pareti curve e contro soffitti. Il prodotto finito risponde alle piú severe norme in materia di resistenza ignifuga, isolamento termico e acustico, resistenza sismica e sicurezza.

Quali i vantaggi?

Il riciclo di una tonnellata di carta e cartone evita l'emissione di circa 210 kg di CO_2 a cui vanno aggiunte le emissioni evitate per effetto del mancato smaltimento in discarica. Si arriva cosí a un totale di 1308 kg di CO_2. Poiché ogni anno vengono riciclate circa 1 900 000 tonnellate di carta e cartone, ciò equivale a una riduzione delle emissioni di 2,5 milioni di tonnellate di CO_2, circa lo 0,40% del totale delle emissioni italiane: quasi come sei giorni e sei notti di blocco totale del traffico. D'altro canto, si stima che, in media, ogni tonnellata di carta riciclata permetta di non abbattere 17 alberi e di risparmiare almeno 20 000 litri di acqua.

L'esperienza.

Con il cartone riciclato si può fare di tutto. È con questo approccio che l'architetto Marco Capellini ha realizzato per conto del Consorzio nazionale recupero e riciclo degli imballaggi a base cellulosica (Comieco) un triciclo, una cucina e un'automobile a pedali utilizzando solo cartone riciclato. Ecco come l'architetto Capellini descrive la sua avventura nel mondo del riciclo.

> Ho iniziato a interessarmi di tematiche ecologiche e di riciclo una decina di anni fa, mentre stavo concludendo i miei studi di architettura. Vedevo nel tema dell'ecodesign un nuovo settore in cui esprimermi che andava al di là del semplice design. L'auto, il triciclo e la cucina in cartone rispondono proprio alla sfida di dimostrare che si può realizzare un prodotto dal design moderno in un materiale interamente ecologico come il cartone riciclato. Abbiamo anche voluto rendere palesi le tante qualità del cartone che per certi versi lo rendono piú interessante del legno: la facile lavorabilità, la leggerezza, la trasportabilità, l'assemblabilità. Per quanto riguarda l'auto, in termini di progettazione, il punto piú complicato da risolvere è stato quello della realizzazione dello sterzo e del cuscinetto a sfera: l'auto doveva girare e, ovviamente, anche le ruote dovevano muoversi. Con questa auto abbiamo partecipato a RedBullSoapBoxRace, una gara in cui gareggiano auto ecologiche senza motori. Abbiamo battuto auto in materiali ferrosi raggiungendo velocità di sessanta chilometri orari. L'idea della cucina di cartone è nata durante un

mio passaggio alla trasmissione televisiva «Uno Mattina». Lo chef del programma, tra il serio e il faceto mi ha chiesto se col cartone si potesse realizzare una cucina. Noi abbiamo risposto prontamente di sí e abbiamo realizzato una cucina originale completa di piano cottura e forno elettrici, lavello, rubinetto, cassettiere e sportelli rigorosamente in cartone. È composta da due moduli di dimensioni 170 × 90 cm, ciascuno dei quali ha un peso di circa 12 kg. Il quantitativo di cartone impiegato equivale al peso di 90 quotidiani. Per il fissaggio delle parti sono state utilizzate colla e graffette metalliche. Infine abbiamo sviluppato un triciclo con ruote, manubrio, pedali e sella interamente realizzati in cartone riciclato per un peso equivalente a 60 quotidiani. Questi prodotti, per ora, sono prototipi non in commercio, ma sono perfettamente funzionanti. La mia sfida non termina qui: adesso sto progettando il primo frigorifero al mondo interamente in cartone, tranne il compressore.

Diminuiamo il consumo di carta.

- Quando laviamo la cucina e facciamo i lavori di casa evitiamo di usare tovaglioli di carta. Usiamo invece dei tovaglioli e degli strofinacci in tessuto.
- In ufficio riduciamo il consumo di carta, che ammonta a piú di 100 kg l'anno per un impiegato medio italiano. Prendiamo l'abitudine di fotocopiare fronte e retro, di stampare i messaggi di posta elettronica e i documenti che solo effettivamente ci servono (molto spesso basta leggere i documenti sul computer), di usare entrambe le facce dei fogli quando si prendono appunti, di spedire i messaggi via posta elettronica ogni qualvolta è possibile al posto di fax e lettere.
- Non usiamo la carta per asciugarci le mani in bagno, ma preferiamo gli asciugamani in tessuto.
- Evitiamo di usare la carta extra-bianca (sbiancata con sostanze chimiche molto inquinanti).
- Scambiamo, regaliamo e mettiamo in comune con amici, colleghi e conoscenti libri, riviste e quotidiani. Esistono alcune iniziative che fanno viaggiare i libri in tutta Italia, il cosiddetto «bookcrossing». Frequentiamo le biblioteche: in gran parte di esse si trovano quasi tutti i quotidiani del giorno e gli ultimi

libri freschi di pubblicazione. Le iniziative come il bookcrossing e la frequentazione delle biblioteche non rubano mercato alla vendita di libri, ma, anzi, spingono piú persone alla lettura e al loro acquisto.

Gestione sostenibile del legno.

Acquistiamo prodotti col marchio FSC («Forest Stewardship Council»). FSC è un'associazione non governativa internazionale che garantisce la provenienza del legno da foreste gestite in maniera sostenibile e in accordo coi principî stabiliti nei summit Onu di Rio de Janiero del 1992 e di Johannesburg del 2002: conservazione delle foreste di grande valore ecologico-naturalistico; protezione della biodiversità; tutela del paesaggio, della stabilità e dell'integrità della foresta; monitoraggio della foresta, delle attività di gestione e dei relativi impatti; tutela dei diritti dei lavoratori; attenzione allo sviluppo sociale ed economico delle popolazioni locali che vivono nella foresta. Tra i membri italiani di FSC ci sono Greenpeace-Italia, Legambiente, WWF-Italia, l'Accademia italiana di scienze forestali, Amnesty International e vari enti per la cooperazione allo sviluppo. Le foreste certificate FSC coprono un'estensione di quasi 40 milioni di ettari: dalle piantagioni di pini in Scandinavia, alle foreste di abeti e larici alpini in Italia, ai boschi di querce e faggi nei paesi dell'Europa dell'est, alle foreste tropicali in Brasile, Indonesia e Messico. Le aziende certificate FSC nel mondo sono oltre 2800 in 66 paesi. Sul mercato sono disponibili piú di 20 000 linee di prodotti contrassegnati con il marchio FSC, tra cui mobili e arredi per interni e per esterni, utensili da cucina, carta da cucina e da stampa, fazzolettini in carta, rivestimenti e pavimentazioni, cornici e moltissimi altri, compresi alcuni prodotti forestali non legnosi (gomma, noci, etc.). In Italia sono un centinaio le aziende già certificate FSC e altre sono in corso di certificazione. Esse sono tenute a informarsi anche sulla provenienza del legno non certificato contenuto nei prodotti FSC e a selezionare i propri fornitori in modo che tale legno non provenga da foreste tagliate illegalmente o aree forestali in cui vi sono palesi violazioni dei diritti umani, né da piante geneticamente modificate o da foreste ad alto valore di conservazione. L'elenco delle aziende italiane è disponibile sul sito web www.fsc-italia.it

Diminuiamo il consumo di legno.

- Fermiamoci prima di buttare via un mobile e riflettiamo se non sia il caso di dargli un'altra possibilità: aggiungiamo nuovi accessori (porte, cassetti, ripiani), trasformiamolo (una vecchia sedia può diventare un tavolino per il soggiorno, un armadietto da cucina un piccolo archivio per l'ufficio), ripariamolo e costruiamo un nuovo mobile mettendo insieme diverse parti di vecchi mobili.
- Si possono fare ottimi affari comprando mobili di seconda mano su Internet, nelle vendite all'asta o nei mercatini degli oggetti usati. Rivendiamo o regaliamo ad associazioni caritatevoli e di volontariato i mobili di cui vogliamo disfarci.

Alberi di Natale.

Secondo i dati di Confcommercio, in Italia sono circa sette milioni gli alberi di Natale che vengono comprati in occasione delle festività natalizie, per una spesa di 130 milioni di euro. Gli abeti utilizzati come ornamento natalizio provengono per circa il 90% da vivai mentre il restante 10% (cimali o punte di abete) dalla normale pratica forestale che prevede un intervento di diradamento indispensabile per lo sviluppo e la sopravvivenza del bosco. Compriamo gli alberi di Natale vivi e in vaso, controllando che ci siano le radici e che non si tratti semplicemente di una pianta tagliata. Come si fa? La si alza un po' e si vede quanto sia affrancata la sua zolla di terra alle radici. In casa sistemiamo l'albero in un luogo luminoso, fresco, lontano da fonti di calore. Innaffiamoli ed evitiamo addobbi pesanti per non spezzare i rami, neve sintetica e spray colorati perché l'albero potrebbe risentirne. L'ideale sarebbe portarlo in casa poco prima di Natale e trapiantarlo o spostarlo al freddo prima possibile, in modo da evitare che uno stress ormonale «da riscaldamento» lo comprometta definitivamente. Rivolgiamoci a un giardiniere o al vivaio che ce l'ha venduto per sapere dove e come possiamo impiantarlo. Ci sono inoltre vivai e organizzazioni commerciali che ultimamente si organizzano per il ritiro degli alberi ancora prima della fine dell'anno.

Piantiamoli, (ri)conosciamoli e proteggiamoli.

- Ogni occasione è buona per piantare i semi di un albero: la nascita di un bambino, un compleanno, l'acquisto di un mobile in legno (per compensare almeno in parte il consumo) o, semplicemente, una gita fuori porta in famiglia. Preferiamo alberi locali (specie autoctone) ed evitiamo le piante esotiche che non fanno parte della nostra vegetazione e che quindi si adattano a fatica ai nostri climi. Per sapere in che modo piantarli rivolgiamoci a un giardiniere di nostra fiducia. Possiamo piantarli in un bosco vicino a dove abitiamo ma anche nelle aree verdi in città: chiediamo all'assessorato parchi e giardini del nostro comune.
- Partecipiamo alle iniziative di piantumazione delle associazioni ambientaliste. Una fra di esse è la Festa dell'albero di Legambiente, che si tiene in novembre e che coinvolge centinaia di scolaresche in tutta Italia.
- Il 10,5% del territorio italiano è protetto. Si tratta di 21 parchi nazionali, 15 riserve marine statali, 143 riserve naturali statali, 110 parchi naturali regionali, 252 riserve naturali regionali e altre 128 aree naturali protette che coprono una superficie di oltre 3 000 000 di ettari. Questi luoghi sono aperti al pubblico e possono essere visitati per conto proprio o in compagnia di guide specializzate per conoscere alberi e specie ani-

mali. Nelle oasi si organizzano visite guidate, degustazioni di prodotti tipici e biologici, bird watching, animazioni e giochi per i piú piccoli (sono moltissimi i giochi che si possono fare con gli alberi per divertirsi e imparare a riconoscerli e scoprirne i segreti). Alcune delle oasi si trovano nei pressi di centrali idroelettriche ed eoliche (anch'esse visitabili). Legambiente sta attivando interventi per consentire la visita anche ai portatori di handicap in quattro aree protette: il Parco regionale del Mincio (Mantova), il Parco di Monte Mario (Roma), l'Oasi dunale di Torre di Mare (Salerno), l'Orto botanico dei Frignoli (Massa).

Col fuoco non si scherza.

Proteggiamo boschi e foreste contro gli incendi. Nel 2003 in Italia sono andati in fumo 87 000 ettari di territorio, di cui 39 000 ettari di foreste e boschi. Dei 12 000 roghi, il 60% è di origine dolosa, appiccati per speculazioni edilizie o per crearsi un'opportunità di lavoro connessa all'attività di spegnimento: ricostruire un bosco costa circa 6000 euro a ettaro. Circa il 25% degli incendi è provocato da imprudenza e violazione delle norme e in minima parte da fulmini e autocombustione. Anche il contributo in vite umane è consistente. Dal 1978 a oggi sono stati quasi 1500 i feriti e piú di 160 le vittime degli incendi di foreste. Per evitare di essere causa di un incendio, non buttiamo le cicche accese dal finestrino dell'auto e spegniamo sempre con cura qualunque fuoco e falò che accendiamo nei boschi. Ecco alcuni consigli su che cosa fare qualora ci trovassimo di fronte ad un incendio:

- L'allarme per la presenza di un fuoco va lanciato chiamando il 1515, il numero del Corpo Forestale dello Stato, raggiungibile gratuitamente da tutti i telefoni fissi e cellulari. Questo numero può essere chiamato per qualunque emergenza di carattere ambientale: incendio, inquinamento, salvaguardia fauna protetta, soccorso in montagna, etc.

• È nostro dovere tentare di spegnere un principio di incendio, ma solo se riteniamo di esserne realmente in grado, di non mettere in pericolo inutilmente la nostra incolumità e se siamo certi che esista una via di fuga. Teniamo le spalle al vento e battiamo le fiamme con un ramo verde fino a soffocarle.

• Alla squadra antincendio indichiamo le strade o i sentieri che conosciamo e che riteniamo piú opportuni per fronteggiare l'incendio; mettiamo a disposizione le nostre riserve d'acqua e le altre attrezzature utili che possediamo.

Una piccola azione tanto per incominciare.

Per molti non è Natale senza l'albero. Il prossimo Natale prendiamo l'impegno di comprare l'albero per poi piantarlo di nuovo nella natura. Se non siamo pratichi di giardinaggio, facciamoci spiegare al vivaio come fare per piantare l'albero di Natale e dove è possibile farlo.

Parole chiave del capitolo

Cartiere: le nuove foreste si trovano in città.
FSC: il marchio contro la deforestazione e l'abbattimento illegale delle foreste.
Commercio illegale di legno: combattiamolo per conservare il polmone verde del pianeta.
Aree protette: il posto migliore dove fare la conoscenza delle specie vegetali e animali.
Carta extra-bianca: oltre a consumare gli alberi inquina a causa delle sostanze chimiche usate per la sua produzione.
Bookcrossing: mettiamo in circolo i libri che abbiamo letto.

Ricordiamoci che...

In media un albero produce ogni anno 15 chilogrammi di ossigeno e assorbe 7 chili di CO_2 (il dato varia in funzione della specie e dell'età dell'albero).

Capitolo decimo

Come fare

Riassumiamo in questo capitolo gli argomenti affrontati finora, offrendo al lettore ulteriori dettagli per metter in pratica quanto suggerito.

Come aderire a un Gruppo di acquisto solidale.

• Gruppi di acquisto solidali sono formati da persone che comprano insieme beni di uso comune (alimentari e non) direttamente da piccoli produttori locali. I Gas si possono aggregare intorno a una cooperativa di consumo, possono essere un gruppo informale che usa come base di appoggio un negozio del commercio equo e solidale o una struttura di dopolavoro.

• Chi è interessato a entrare a far parte di un Gruppo di acquisto solidale, per prima cosa dovrebbe prendere contatto con un gruppo a lui vicino geograficamente consultando il sito web http://www.retegas.org, che raccoglie l'elenco di tutti i gruppi italiani, e partecipare a un acquisto di prova per capire come funziona. Se si è soddisfatti si può chiedere di entrare a far parte del gruppo oppure crearne uno nuovo insieme ad amici e conoscenti. Per funzionare in maniera ordinata, le dimensioni del gruppo non dovrebbe oltrepassare le 50 famiglie.

Frigoriferi di classe A+ e A++

• Il frigorifero è l'elettrodomestico piú diffuso nelle case degli italiani insieme ai televisori: lo possiede il 95% degli italiani per un costo in bolletta di circa 127 euro l'anno (27% dei consumi elettrici domestici). I frigoriferi di classe A+ e A++ sono elettrodomestici super-efficienti che risparmiano dal 25 al 65% dell'energia consumata da un modello standard di classe A.

• Visitiamo il sito http://www.energy-plus.org per sapere quali sono i frigoriferi e i congelatori piú efficienti in commercio, cioè quelli di classe A+ e A++. Energy-plus è un progetto finanziato dalla commissione europea con lo scopo di promuovere la realizzazione e l'utilizzo di apparecchi per il freddo ad alta efficienza.

Come trovare Esco e Multiutilities.

• Esco (Energy Service Companies) e Multiutilities sono società che aiutano le aziende, enti pubblici, condomini e strutture commerciali a risparmiare energia e a sfruttare fonti energetiche pulite, come l'energia solare e quella eolica. Si tratta di realtà che all'estero, soprattutto negli Stati Uniti, operano già da diversi decenni e che stanno nascendo anche da noi in seguito alla liberalizzazione dei mercati energetici.

• L'elenco delle Esco operanti in Italia è consultabile su internet all'indirizzo http://energyefficiency.jrc.cec.eu.int/html/list_esco.htm

• L'elenco delle multiutilities operanti sul mercato italiano è consultabile sul sito internet di Fire (Federazione italiana per l'uso razionale dell'energia) http://www.fire-italia.it e sul portale internet EnergySaving all'indirizzo http://www.energysaving.it/venditori.htm

Come installare un pannello solare fotovoltaico.

• I pannelli solari fotovoltaici trasformano l'energia del sole in energia elettrica e possono essere installati sui tetti di qualunque tipo di abitazione: casa mono o bifamiliare, condominio, baita o rifugio in montagna non connesso alla rete elettrica, etc. Gli impianti possono essere installati anche in giardino (basta che non siano ombreggiati da edifici o alberi), su un terrazzo sufficientemente grande o inseriti nelle facciate degli edifici.

• Chi volesse installare un pannello solare fotovoltaico può seguire una delle seguenti procedure:

a) Da alcuni anni tutte le Regioni, in accordo col Ministero dell'Ambiente, stanno finanziando l'installazione degli impianti fotovoltaici. Il tipo di finanziamento a fondo perduto adottato finora, che copre un massimo del 75% della spesa complessiva, dovrebbe essere superato a breve da quello in conto energia, che dà valore all'energia realmente prodotta dall'impianto fotovoltaico. Per accedere ai finanziamenti ci si deve rivolgere agli installatori abilitati dalla Regione (l'elenco è disponibile sui siti internet, in genere uno dei seguenti assessorati: Ambiente, Energia, Industria, Risorse idriche e Territorio) oppure ad aziende del Gifi, il Gruppo imprese fotovoltaiche italiane (indirizzo email: energia@anie.it). La procedura per il finanziamento viene effettuata direttamente dall'installatore. Il numero di bandi per il finanziamento a fondo perduto, le risorse disponibili e la loro durata e scadenza variano da Regione a Regione. Il finanziamento in conto energia dovrebbe valere per venti anni ed entrare in vigore entro la fine del 2005.

b) Tramite internet è possibile confrontare le offerte di diverse aziende che installano i pannelli fotovoltaici. Per trovare i siti internet è sufficiente digitare in qualunque motore di ricerca le parole «azienda» e «fotovoltaico».

c) Rivolgersi a un installatore di pannelli fotovoltaici di fiducia trovato tramite il passaparola da amici, familiari o conoscenti. Anche le fiere di settore sono un buon metodo per entrare in contatto con diversi installatori.

Consigliamo in ogni caso di farsi fare un preventivo da piú installatori, facendosi garantire le prestazioni dell'impianto fotovoltaico in termini di kWh/kW installato (energia elettrica realmente prodotta diviso la potenza totale di installazione dell'impianto). Il costo per l'installazione è minore se si prevede l'impianto già in fase di progetto dell'intero edificio.

Come installare un pannello solare termico.

• I pannelli solari termici captano l'energia del sole per produrre acqua calda per usi sanitari e per il riscaldamento domestico. I pannelli termici possono essere installati sul tetto sia di una casa mono o bifamiliare, sia di un condominio (in questo caso è necessario utilizzare un impianto centralizzato per la produzione di acqua calda).

• Chi volesse installare un pannello solare termico può seguire una delle seguenti procedure:

a) Tutte le Regioni, in accordo col ministero dell'Ambiente, promuovono l'utilizzo degli impianti solari termici con finanziamenti a fondo perduto che possono arrivare a circa un terzo della spesa complessiva. Per accedere ai finanziamenti ci si deve rivolgere agli installatori abilitati dalle Regioni (l'elenco è disponibile sui siti internet delle Regioni, in genere uno dei seguenti assessorati: Ambiente, Energia, Industria, Risorse Idriche e Territorio). La procedura per la richiesta del finanziamento viene effettuata direttamente dall'installatore. Il numero di bandi, i fondi stanziati e la loro scadenza variano da Regione a Regione.

b) Rivolgersi a uno degli installatori che hanno acquisito il marchio di certificazione «SolarPass» di Assolterm (Associazione Italiana Solare Termico), fornito agli installatori idraulici che hanno seguito un corso specifico sulla tecnologia solare termica. L'elenco di questi installatori è disponibile sul sito internet di Assolterm: http://www.assolterm.it

c) Rivolgersi a un installatore di pannelli solari termici di fiducia trovato tramite il passaparola da amici, familiari o conoscenti. Anche le fiere di settore sono un buon metodo per entrare in contatto con diversi installatori.

Come nel caso dei pannelli fotovoltaici, consigliamo in ogni caso di farsi fare un preventivo da piú installatori (attraverso il sito di Assolterm è possibile richiedere un preventivo gratuito). Il costo per l'installazione dell'impianto è minore se lo si prevede già in fase di progetto dell'intero edificio.

Come calcolare quanta CO_2 ciascuno di noi contribuisce a emettere.

• Gran parte delle attività umane comporta l'emissione di gas a effetto serra, principalmente anidride carbonica. Tanto per fare degli esempi, 1 kWh di elettricità provoca l'emissione di 500 grammi di CO_2 (questo consumo equivale all'utilizzo per 12 ore di un computer portatile o a circa un giorno di funzionamento di un frigorifero); 200 kg di CO_2 sono le emissioni per persona per un viaggio in aereo Milano-Palermo; per 100 kg di spazzatura produciamo 130 kg di CO_2.

• Vari siti internet consentono di calcolare quanta anidride carbonica ciascuno di noi emette ogni giorno. Fra quelli in italiano, segnaliamo: http://www.azzeroco2.it e http://www.impattozero.it.

Come fare la raccolta differenziata.

• È la suddivisione dei rifiuti in materiali omogenei. Va effettuata già nelle abitazioni e consente un riutilizzo successivo dei rifiuti.

• Per effettuare un'adeguata raccolta differenziata, seguiamo le indicazioni fornite dal nostro Comune relative alle modalità della raccolta e ai materiali che è possibile riciclare. Ecco le tipologie e l'elenco dei materiali, come suggerito dal sito internet www.rifiutinforma.it:

- *Carta e cartone*: giornali e riviste, libri, quaderni, fotocopie e fogli vari, (togliendo parti adesive, in plastica o metallo), cartoni piegati, imballaggi di cartone, scatole per alimenti, blister, cartone per bevande (salvo diverse indicazioni da parte del gestore del servizio di raccolta).
- *Vetro*: bottiglie in vetro (anche con il tappo), vasi di vetro (anche con il coperchio in metallo), bicchieri, vetri vari anche se rotti, cristallo.
- *Lattine*: lattine in alluminio (con il simbolo AL), scatolette e lattine in banda stagnata, contenitori in metallo (pelati, tonno).
- *Bottiglie di plastica e altri oggetti in plastica*: bottiglie di acqua e bibite, shampoo, flaconi per detergenti, prodotti cosmetici liquidi, contenitori per liquidi in genere (piccole taniche), film di nylon, borsette, polistirolo.
- *Umido*: scarti di cucina, avanzi di cibo, alimenti avariati, gusci d'uovo, scarti di verdura e frutta, fondi di caffè, filtri di the, escrementi, lettiere di piccoli animali domestici, fiori recisi e piante domestiche, pane vecchio, salviette di carta unte, ceneri spente di caminetti, piccole ossa e gusci di cozze.
- *Altri rifiuti riciclabili*: rifiuti edili, pneumatici, olii esausti, batterie per auto, cartucce toner, nastri, ink jet, cartone per bevande.

Come imparare a fare il compost.

• Il compostaggio è il processo attraverso cui i rifiuti organici si trasformano, sotto l'azione di batteri anaerobici, in humus, il concime naturale che favorisce la crescita dei vegetali. Il compostaggio può essere effettuato da chiunque abbia un giardino.

• Per imparare come effettuarlo al meglio, il Consorzio italiano compostatori ha realizzato una serie di pubblicazioni che possono essere richieste tramite il sito internet http://www.compost.it. Informiamoci anche presso il nostro comune o la nostra provincia (assessorato all'Ambiente e Territorio o all'Energia) se vengono organizzati dei corsi per imparare a fare il compostaggio domestico. Anche alcune associazioni ambientaliste organizzano corsi. Una di esse è Legambiente tramite «Ecosportello», lo sportello informativo sulla raccolta differenziata (http://www.ecosportello.org).

Come verificare se nel nostro Comune esiste un servizio di car sharing.

• Il car sharing è una forma di autonoleggio self service che permette di prenotare un veicolo in città quando serve. I soci del car sharing versano una piccola quota associativa mensile, mediamente meno di dieci euro, e pagano in proporzione ai chilometri che percorrono e per il numero di ore di utilizzo delle auto. Non c'è invece nessun costo per assicurazione, bollo, manutenzione e riparazioni. Oggi il car sharing esiste nelle seguenti città: Milano, Torino, Genova, Modena, Bologna, Cinisello Balsamo (Milano), Rimini-Cattolica, Firenze, Bolzano, Roma e Mestre. I soci sono in tutto circa 5 000.

• Il sito internet http://www.icscarsharing.it raccoglie le informazioni sulla maggior parte dei servizi di car sharing in Italia. Possiamo visitarlo regolarmente per verificare se nella nostra città è stato inaugurato un servizio di car sharing.

Come fare per visitare impianti a fonti rinnovabili.

• Gli impianti che sfruttano le energie rinnovabili sono: impianti eolici e idroelettrici, centrali geotermiche e a biomasse, sistemi solari termici e solari fotovoltaici.

• Ogni anno a inizio maggio si svolge in tutta Italia la manifestazione «Impianti Aperti ai Cittadini», che prevede la visita guidata degli impianti rinnovabili. La manifestazione è organizzata da Ises Italia (International Solar Energy Society), la principale associazione internazionale no-profit che si occupa di promozione delle fonti rinnovabili, in collaborazione con gli operatori nazionali del settore, le grandi e piccole società elettriche, gli enti locali, le agenzie energetiche e i privati cittadini che aderiscono aprendo al pubblico i propri impianti e ne illustrano le caratteristiche. Nel 2005 oltre 15 000 persone hanno visitato oltre 100 impianti aperti in tutte le regioni italiane. L'iniziativa ha un forte carattere locale ed è un invito a scoprire le risorse del territorio. Le informazioni sugli impianti aperti ai cittadini si trovano sul sito internet http://www.isesitalia.it

Come fare per visitare aree protette e parchi regionali e nazionali.

• Sono aree di particolare pregio naturalistico che vengono adeguatamente conservate e protette anche a livello legislativo.

• L'elenco dei parchi e delle aree protette in Italia è consultabile per regione e provincia sul sito internet http://www.parks.it, il portale dei parchi italiani. I parchi possono essere visitati durante tutto il corso dell'anno e sono numerose le iniziative che prevedono incontri, escursioni, mostre e attività ambientali a cura dei singoli Enti Parco. La principale manifestazione che coinvolge tutti i Parchi italiani e le aree protette si tiene a fine maggio. La Federazione europea dei Parchi ricorda ogni anno il giorno in cui, il 24 maggio del 1909, venne istituito in Svezia il primo parco europeo. In Italia viene organizzata una settimana intera di iniziative.

Come trovare alberghi e agriturismo ecologici e biologici.

• In tutta Europa esistono almeno un migliaio di strutture ricettive che si rifanno a regole ambientali: si impegnano a risparmiare acqua ed energia, cambiano lenzuola e asciugamani solo quando effettivamente serve, effettuano la raccolta differenziata dei rifiuti, noleggiano biciclette, producono in proprio l'energia coi pannelli solari. Queste strutture si sono unite nella rete europea VISIT.

• In Italia ce ne sono circa 130 e l'elenco è consultabile sul sito internet di Legambiente turismo: http://www.legambienteturismo.it. Sul sito internet di Aiab (Associazione italiana agricoltura biologica) http://www.aiab.it si può accedere al database di tutti gli agriturismo biologici italiani ed effettuare ricerche per regione. Anche in Italia stanno nascendo i primi alberghi biologici, realtà consolidate in Germania e Austria nella rete «Bio Hotels». Le informazioni sugli alberghi biologici italiani si trovano sul sito internet di Aiab, per quelli all'estero si può consultare il sito http://www.biohotels.info

Come partecipare a un bookcrossing.

• Mettere in circolazione e condividere gratuitamente un libro con persone sconosciute. È questa la filosofia del bookcrossing, iniziativa nata negli Stati Uniti e in espansione anche da noi. I membri della comunità seguono su internet il viaggio del libro che hanno donato o ricevuto.

• Uno dei bookcrossing piú seguiti è il Passalibro di *Fahrenheit*, programma quotidiano di Radio3 che ha lanciato l'iniziativa nel 2002. Il sito internet del Passalibro è http://www.radio.rai.it/radio3/fahrenheit/passalibro; il sito «ufficiale» dei bookcrosser italiani è www.bookcrossing-italy.com

L'etichetta energetica.

L'etichetta energetica raccoglie le caratteristiche tecniche dell'elettrodomestico e aiuta il consumatore nel momento dell'acquisto. Per legge devono esserne provvisti: frigoriferi, lavatrici, lavastoviglie, forni, scaldabagno elettrici, lampadine e condizionatori (con potenze inferiori a 12 kW.

Come si legge?

Qui sono riportati la marca e il modello dell'elettrodomestico

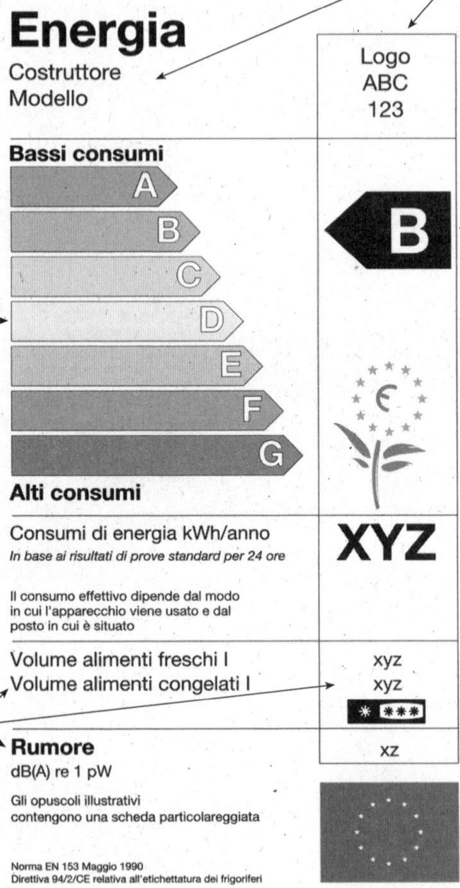

La classe di efficienza è individuata anche da una lettera dell'alfabeto: la *A* indica i consumi piú bassi, la *G* quelli piú elevati. Esistono poi le classi A+ e A++ degli elettrodomestici super-efficienti

Le classi di efficienza sono indicate da linee colorate: tanto piú la linea è lunga, tanto maggiore è il consumo energetico dell'elettrodomestico.

Il marchio Ecolabel della Unione Europea contraddistingue gli elettrodomestici piú efficienti in commercio

Qui è riportato il consumo di energia all'anno in kWh. È un valore teorico, influenzato dal modo in cui l'apparecchio viene usato e dal luogo in cui è situato

In questi riquadri sono inserite informazioni sul consumo di acqua, il livello di rumore e altre caratteristiche non direttamente connesse all'efficienza energetica

Appendici

Glossario

ACQUE GRIGIE E ACQUE NERE

Le acque nere delle abitazioni sono quelle che vengono scaricate dal Wc, mentre le acque grigie sono quelle provenienti da tutti gli altri utilizzi: lavandini, docce, vasche da bagno (escluso il lavello in cucina). In Italia il consumo medio di acque nere è di circa 50 litri per persona al giorno; di 150 litri il consumo per acque grigie.

ALOCARBURI

Composti chimici costituiti da carbonio, talvolta idrogeno e con atomi che possono essere di cloro, fluoro, bromo o iodio.

ALOGENI

Col termine alogeni ci si riferisce ai seguenti elementi: fluoro, cloro, bromo, iodio, astato.

AMPÈRE (A)

Unità di misura della corrente elettrica: equivale a un flusso di carica in un conduttore di un Coulomb (unità di misura della carica elettrica) per secondo.

ANIDRIDE CARBONICA

Molecola composta da un atomo di carbonio e due atomi di ossigeno (formula chimica: CO_2). A pressione e temperatura ambiente si presenta sotto forma di gas. Prima dell'era industriale la percentuale di CO_2 in atmosfera era dello 0,028% mentre oggi è dello 0,038% perché questo gas viene emesso dalla combustione delle fonti fossili: nel 2002 ne sono stati emessi 24 miliardi di tonnellate. L'anidride carbonica viene rimossa dall'atmosfera in maniera naturale in due modi: tramite assorbimento dalla superficie degli oceani, dove si scioglie con facilità, e dalle piante attraverso la fotosintesi clorofilliana. Negli ultimi 200 anni gli oceani hanno rimosso il 48% dell'anidride carbonica emessa dall'uomo, pari a circa un terzo della loro capacità di ripulire l'aria dalla CO_2. Se smettessimo di colpo di emettere nuova CO_2 in atmosfera, la concentrazione di questo gas tornerebbe ai valori dell'era pre-industriale in circa mille anni grazie al ciclo naturale del carbonio. Piú della metà di CO_2 è emessa in atmosfera dai paesi occidentali (America del Nord, Europa, Giappone, Australia), il 14% dalla Cina e il 10% dalla Russia. In media ogni italiano emette in atmosfera quasi otto tonnellate di CO_2 all'anno, contro le 20 tonnellate di ogni statunitense e le 3 tonnellate di un abitante della Cina. Il carbone è la fonte fossile dalla cui combustione si produce la quantità maggiore di CO_2 a parità di potere energetico, ma il consumo di questa fonte nel mondo invece di diminuire, come chiederebbe una decisa politica per la difesa del clima, aumenta. Nel 2003 le emissioni di CO_2 sono aumentate del 6,9%, con punte del 15% in Cina, del 2,5% nell'America del Nord.

AZOTO

Gas inodore e incolore componente principale dell'atmosfera terrestre dove è presente prevalentemente come azoto molecolare (formula: N_2).

BIODEGRADABILE

Sono biodegradabili i materiali, come i rifiuti organici e la carta, che vengono scomposti in sostanze piú semplici sotto l'azione di microrganismi, generalmente batteri.

BIOGAS

Gas prodotto dalla fermentazione dei rifiuti industriali e agricoli o fanghi dei trattamenti delle acque urbane sotto l'azione di microrganismi. È formato per due terzi da metano e un terzo da anidride carbonica. Il biogas è un ottimo combustibile: una tipica centrale a biogas genera energia elettrica per 4000 famiglie, consente di evitare l'emissione in atmosfera di 57 000 tonnellate di CO_2 e la fuoriuscita dalla discarica del metano, gas climalterante principale causa dell'inquinamento odorifico delle discariche.

BIOMASSA

La biomassa è la materia organica prodotta dai processi vitali. Perciò, costituiscono la biomassa tutti i vegetali e gli animali.

BUCO (O ASSOTTIGLIAMENTO) DELL'OZONO

Per «buco» dell'ozono si intende l'assottigliamento dello strato di ozono nella stratosfera, cioè a una distanza compresa fra i 20 e i 50 chilometri dalla superficie terrestre. Malgrado la sua rarità (si contano tre molecole di ozono ogni 10 milioni di molecole d'aria), questo gas, costituito da tre atomi di ossigeno (formula chimica: O_3), ha una funzione fondamentale per garantire la vita sulla Terra: protegge gli esseri viventi assorbendo la quasi totalità dei raggi ultravioletti provenienti dal sole. L'assottigliamento dello strato di ozono si verifica unicamente al di sopra dei due poli a causa delle particolari condizioni climatiche che vi regnano. Il buco del Polo Sud è stato osservato per la prima volta verso la fine degli anni Settanta ed è oggi caratterizzato, nella sua estensione massima, dalla distruzione di circa il 60% dello strato di ozono, mentre quello del Polo Nord risale a circa 15 anni or sono ed equivale a un assottigliamento massimo di circa il 20%. Il fenomeno è provocato dalla presenza nella stratosfera di alcuni gas, come gli alogeni (cloro e bromo), che reagiscono chimicamente con le molecole di ozono distruggendole (*vedi* la voce CFC). Il buco al di sopra del Polo Sud si apre e si sviluppa verso metà agosto, quando il calore dei primi raggi del sole della primavera antartica fornisce l'energia sufficiente per innescare le reazioni chimiche «mangia-ozono», raggiunge il suo massimo verso metà ottobre, arrivando a coprire interamente l'Antartide, e si ritira a partire dal dicembre successivo. Le condizioni meteorologiche, soprattutto i venti, durante l'inverno australe giocano un ruolo fondamentale nello sviluppo del buco l'estate successiva per cui gli scienziati non riescono a predirne l'andamento da un anno con l'altro, ma solo sul lungo periodo. L'assottigliamento del 2003 è stato di circa 28 milioni di chilometri quadrati, nel 2002 di 21 milioni di chilometri quadrati. Il buco piú grande è stato misurato nel 2000: quasi 30 milioni di chilometri quadrati, tre volte la superficie degli Stati Uniti. Negli ultimi anni il fenomeno ha proporzioni tali da raggiungere le città piú meridionali dell'America Latina e dell'Australia. Proprio in Australia c'è la piú alta incidenza al mondo di cancri della pelle e in certe spiagge vengono regalate creme solari a indice elevato. Nel 1994 gli studiosi americani del National Oceanic and Atmospheric Administration (Noaa) misurarono per la prima volta dopo diversi anni di incessante aumento una diminuzione della concentrazione dei CFC nella troposfera, conseguenza della ratifica nel 1987 da parte di circa 150 paesi di tutto il mondo del Protocollo di Montreal, che ha fissato limiti temporali e quantitativi ben precisi all'emissione in atmosfera delle sostanze dannose per l'ozono: la fine della produzione di CFC nei paesi industrializzati a partire dal 1996 e dal 2010 nei paesi in sviluppo e la produzione controllata degli alogeni fino al 2030. La battaglia contro i gas divoratori di ozono è comunque appena incominciata: gli scienziati prevedono che, col ritmo attuale di decremento, la concentrazione dei CFC nell'atmosfera ritornerà quella del 1979 solamente verso il 2050. Sempre che gli accordi internazionali vengano rispettati.

CALCARE

Roccia sedimentaria composta principalmente da carbonato di calcio ($CaCO_3$). Il calcare è poco solubile in acqua e può provocare delle incrostazione nelle tubazioni dell'acqua corrente.

CALORIA

Unità di misura dell'energia. Corrisponde alla quantità di calore richiesto per innalzare da 14,5 °C a 15,5 °C la temperatura di un grammo di acqua distillata a pressione atmosferica. Con la caloria si misura anche la quantità di energia sprigionata dai cibi che mangiamo. I fisiologi usano, come unità di misura, la chilocaloria, equivalente a 1000 calorie.

CARBONE

Combustibile solido, costituito in prevalenza da carbonio, prodotto dalla lenta trasformazione di residui vegetali rimasti coperti da strati di materiale sedimentario. A seconda del grado di trasformazione, si distingue in torba, lignite, litantrace e antracite. Il carbone viene usato nelle centrali termoelettriche per la produzione di energia elettrica. Il carbone è la fonte fossile dalla cui combustione si produce la quantità maggiore di CO_2 a parità di potere energetico, ma il consumo di questa fonte nel mondo invece di diminuire, come chiederebbe una decisa politica per la difesa del clima, aumenta.

CARBONIO

Elemento base dei composti che costituiscono gli organismi animali e vegetali.

CDR

Combustibile ottenuto dalla componente secca (carta, plastica, fibre tessili, etc.) dei rifiuti urbani. In media possiede la seguente composizione: 44% carta, 23% plastiche, 12% residui tessili, 4,5% scarti legnosi, 14% organico putrescibile e 2,5% inerti.

CFC (CLOROFLUOROCARBURI)

I gas CFC sono composti costituiti da cloro, fluoro e carbonio. La loro presenza è dovuta quasi esclusivamente ad attività umane: erano utilizzati fino a pochi anni fa in tutte le bombolette spray e nei sistemi refrigeranti di frigoriferi e condizionatori. Sono chimicamente inerti ma permangono molto a lungo nella parte bassa dell'atmosfera, la troposfera, e possono essere trasportati dai venti in alta quota, cioè nella stratosfera. Qui l'intensa radiazione ultravioletta causa la rottura delle molecole di CFC e dei composti alogeni col conseguente rilascio di atomi di cloro e di bromo che poi reagiscono con quelli di ozono distruggendoli: un atomo di cloro può interagire e spezzare fino a 10 000 atomi di ozono, creando ossigeno e ossido di cloro. Grazie al Protocollo di Montreal del 1987 il loro uso è stato bandito nei paesi industrializzati per le bombolette spray, ma ancora oggi i CFC sono presenti nei vecchi frigoriferi e climatizzatori. Rispetto all'anidride carbonica, sono da 3000 a 13 000 volte piú potenti nel trattenere il calore ma raggiungono concentrazioni minime in atmosfera. I piú comuni CFC sono i CFC-11, CFC-12, CFC-113, CFC-114 e CFC-115 e il potenziale di danno all'ozono per ognuno di essi è rispettivamente: 1 – 1 – 0,8 – 1 – 0,6.

CIPPATO E PELLET

Cippato e pellets sono combustibili di origine legnosa e quindi si tratta di risorse pulite e rinnovabili. Il cippato (dall'inglese *chips*: pezzettini) è costituito da scaglie di legno sminuzzato, provenienti dalla prima lavorazione del legno puro nelle segherie o dalla macinazione di scarti lignei. Di dimensioni variabili e con un'umidità tra il 30 e il 50%, è impiegato come combustibile per caldaie con potenze da 80 kW fino ad alcuni MW. Il pellet è prodotto assemblando segatura e legna di scarto sminuzzata e pressata senza uso di additivi ed è impiegato soprattutto in caldaie con potenze basse, fino a 30 kW. La forma tipica del pellet è cilindrica (5 – 10 mm di diametro e lunghezza fino a due/tre centimetri) e la sua umidità varia dal 5 al 10%. Perciò, il pellet è il combustibile con un potere calorifico piú alto del cippato: 4000 Kcal/kg contro le 2400 del cippato.

OLLETTORI SOLARI TERMICI *vedi* «PANNELLI SOLARI TERMICI»

COMPOSTAGGIO

Processo attraverso cui i rifiuti organici si trasformano in humus, il concime naturale che favorisce la crescita dei vegetali. I vantaggi del compostaggio sono: fornire un contributo concreto alla riduzione dei rifiuti inviati alla discarica o all'incenerimento; garantire la fertilità del suolo con concime naturale e pregiato; evitare l'utilizzo di fertilizzanti chimici. Possono essere compostati: avanzi di cucina, scarti del giardino e dell'orto, carta non patinata, cartone, segatura e trucioli. Il compostaggio può essere effettuato da chiunque abbia un giardino.

CONDUZIONE

Trasferimento di calore attraverso due parti di uno stesso corpo o tra due corpi diversi a diretto contatto fra loro. Avviene un trasferimento di calore per conduzione tra le due facce del vetro di una finestra: in inverno la faccia interna piú calda cederà calore a quella piú fredda e si instaurerà un flusso di calore verso l'esterno dell'edificio. Proprio per limitare questo flusso si adottano i doppi vetri: due vetri fra i quali si frappone uno strato di aria asciutta e immobile che è un cattivo conduttore di calore.

CONVEZIONE

Trasferimento di calore che avviene tra la superficie di un corpo solido e di un fluido (come aria o acqua) che si trovano a temperature diverse. Un esempio di trasferimento di calore per convezione si ha quando la faccia esterna di un vetro di una finestra cede calore all'aria fredda.

DISCARICA

In discarica vengono depositati i rifiuti non recuperabili per il loro stoccaggio definitivo. Una discarica costruita a regola d'arte deve garantire che non si verifichi inquinamento del terreno, delle falde acquifere e di tipo odorifico grazie alla realizzazione di barriere di impermeabilizzazione, di sistemi di drenaggio del percolato e di pozzi di captazione del biogas. In funzione della caratteristiche del sito prescelto, le discariche possono essere di tre tipologie diverse:

1) in avvallamento (o trincea): realizzate per riempimento di vecchie cave dismesse o di fosse scavate appositamente nel terreno;
2) in rilevato: poggiano a livello del piano campagna e si sviluppano in altezza;
3) in pendio: sono realizzate a ridosso di pendii, per riempimento di squarci aperti lungo i versanti dovuti a cave, aree calanchive o impluvi.

Ogni giorno i rifiuti sono distribuiti in strati sottili e poi ricoperti con terreno fresco.

EFFETTO SERRA NATURALE

L'atmosfera terrestre è formata da una miscela di gas i cui componenti principali sono: Azoto, ossigeno, gas nobili, vapore acqueo e anidride carbonica (CO_2). L'atmosfera riflette il 30% dell'energia proveniente dal sole, ma lascia passare il restante 70% che riesce cosí a raggiungere la superficie della Terra. Successivamente il pianeta emette questa energia sotto forma di onde elettromagnetiche di tipo infrarosso. Alcuni gas (vapore acqueo, anidride carbonica, metano, ozono, ossidi di Azoto e clorofluorocarburi) assorbono i raggi infrarossi e li irradiano di nuovo in tutte le direzioni: e verso lo spazio e verso la Terra. Grazie a questo «effetto serra» naturale la temperatura media terrestre si mantiene sui 14 °C invece di circa −18 °C. Questo ha consentito la nascita e lo sviluppo della vita sulla Terra cosí come la conosciamo.

EFFETTO SERRA ANTROPICO

Dall'inizio dell'era industriale, circa 250 anni fa, il genere umano ha iniziato a bruciare combustibili fossili e a produrre gas che amplificano l'effetto serra naturale. In particolare, la temperatura misurata negli ultimi

20 anni è stata costantemente al di sopra della media (ultimamente di circa mezzo grado e il 2004 è stato il quarto anno piú caldo degli ultimi 150 anni). Secondo la maggior parte degli scienziati, variazioni anche di pochi decimi di grado della temperatura terrestre possono provocare conseguenze potenzialmente nefaste come l'innalzamento del livello dei mari, l'aumento dei fenomeni meteorologici estremi (uragani, cicloni) e la desertificazione di vaste aree del pianeta. Alcuni ricercatori ritengono che la Corrente del Golfo potrebbe arrestarsi ben prima di arrivare alle coste europee determinando una nuova era glaciale nel vecchio continente, mentre incutono allarme i dati sui ghiacciai della Terra. Si stima che la massa glaciale dell'Artico sia calata dell'8%, cioè quasi 1000 chilometri quadrati, negli ultimi trent'anni e che dal 1850 a oggi i ghiacciai italiani abbiano perso circa il 40% della loro superficie. Numerosi piccoli ghiacciai sono scomparsi, mentre i maggiori sono arretrati talvolta di oltre due chilometri, come nel caso del ghiacciaio del Forni (gruppo Ortles-Cevedale). Oggi, secondo i dati del Comitato glaciologico italiano, le fronti dei ghiacciai dell'arco alpino italiano si ritirano in media di quasi 5 metri l'anno. In Italia il clima è diventato, nel corso degli ultimi 130 anni, piú caldo (in media di circa un grado oltre la media) e asciutto (meno 50 mm l'anno). Nel nostro paese l'incremento della temperatura è significativo in inverno, mentre la riduzione delle precipitazioni è accentuata in primavera e autunno. L'effetto serra di origine antropica è provocato dai seguenti gas:
- anidride carbonica per circa il 60%;
- metano per il 20%;
- alocarburi (clorofluorocarburi, idroclorofluorocarburi e idrofluorocarburi) e idrocarburi perfluorati per il 10%;
- protossido di azoto (N_2O) per il 5%.

EFFICIENZA

È la capacità di fornire un determinato servizio (riscaldamento o raffrescamento di un ambiente, trasporto di merci e persone, produzione di energia elettrica, etc.) attraverso la fornitura di una certa quantità di energia. Un sistema è tanto piú efficiente quanta meno energia utilizza per fornire il servizio.

ENERGIA

È la capacità di un qualunque sistema fisico (un corpo, una macchina, una centrale elettrica) di compiere un lavoro. Si misura in Joule (J), calorie (cal) o Wattora (Wh):

1 Wh = 3600 J
1 cal = 4,186 J
1 Wh = 860 cal

ENERGIA ELETTRICA

Forma secondaria di energia che ha il vantaggio di poter essere distribuita facilmente tramite la rete elettrica; è prodotta nelle seguenti tipologie di centrali elettriche:

- *termoelettriche*: utilizzano il calore prodotto dalla combustione delle fonti fossili (olio combustibile, che è un prodotto del petrolio, metano e carbone);
- *idroelettriche*: sfruttano l'energia di caduta o di scorrimento dell'acqua;
- *geotermoelettriche*: sfruttano il vapore sotterraneo prodotto dall'energia della Terra;
- *eoliche*: sfruttano l'energia del vento;
- *solari fotovoltaiche*: sfruttano l'energia del sole;
- *termoelettronucleari*: sfruttano il calore prodotto nelle reazioni nucleari.

EUTROFIZZAZIONE

Si parla di eutrofizzazione quando i suoli o le acque ricevono un carico eccessivo di sostanze nutrienti che aumentano l'intensità dei processi biologici in atto. L'eutrofizzazione dei suoli, fenomeno che colpisce tutta l'Italia, è provocata dall'Azoto, sostanza che genera un aumento nella velocità di crescita di alcune piante. Ciò determina uno squilibrio nell'insieme dei nutrienti presenti nel terreno e una fragilità del fusto che è piú soggetto a troncamento nel caso di tempeste di vento o eventi meteorologici estremi. Una volta che l'Azoto ha raggiunto il livello di saturazione nel terreno, viene lisciviato nelle acque superficiali di torrenti e laghi subalpini. In tutto il territorio italiano si misura un sovraccarico di Azoto in atmosfera che determina un arricchimento dell'Azoto dei suoli. Nel caso dell'eutrofizzazione delle acque soprattutto dei laghi subalpini, l'elemento scatenante è il fosforo, elemento nutriente per gli organismi monocellulari che svolgono la fotosintesi. Il fosforo viene prodotto da liquami urbani non trattati, detersivi, fertilizzante per l'agricoltura e altre attività industriali.

FONTI ENERGETICHE

Le fonti energetiche si distinguono in fonti rinnovabili, non rinnovabili e inesauribili.

- Le *fonti inesauribili* sono l'energia del sole, del vento, delle maree e delle correnti marine, di caduta o di scorrimento dell'acqua e il calore della Terra: sono sempre disponibili e non finiranno mai finché esisterà una civiltà umana in grado di sfruttarla (si ritiene che il sole smetterà di brillare fra 5 miliardi di anni).
- Le *fonti rinnovabili* sono in grado di rigenerarsi in tempi confrontabili con quelli della vita di un uomo; questo è il caso della legna: è possibile averne sempre a disposizione pur di consumarne solo una quantità

limitata e di preoccuparsi di riforestare laddove si sono abbattuti gli alberi. In realtà nel linguaggio comune anche le fonti inesauribili sono spesso chiamate rinnovabili.

- Le *fonti esauribili*, o *non rinnovabili*, sono quelle che si sono formate nel corso di milioni di anni, come i combustibili fossili (petrolio, carbone, gas naturale) o al momento della formazione del nostro pianeta, come l'Uranio; la disponibilità di queste fonti, per quanto grande, è limitata ed esse costituiscono una sorta di magazzino energetico della Terra.

FONTI FOSSILI

Sono petrolio, carbone e gas naturale. Sono il risultato di complicati processi chimici durati milioni di anni durante i quali dei microrganismi hanno trasformato piante e alghe mischiate con fango e roccia. I movimenti della crosta terrestre hanno fatto scivolare questo impasto in profondità nella Terra, dove oggi troviamo i giacimenti. Dopo essere stati estratti, i combustibili fossili vengono bruciati per restituire l'energia assorbita dal sole e immagazzinata per milioni di anni. Ai ritmi attuali di consumo, le riserve di petrolio e di gas naturale si prosciugheranno entro qualche decina di anni, mentre dovremo avere a disposizione una quantità di carbone sufficiente per un paio di secoli. Dalla combustione delle fonti fossili vengono emesse in atmosfera varie sostanze inquinanti, come anidride carbonica, ossido di Zolfo e di Azoto, polveri sottili.

FONTI RINNOVABILI (O INESAURIBILI)

L'energia del sole, del vento e il calore della Terra sono dette fonti rinnovabili (o inesauribili) perché sono sempre disponibili e non finiranno mai finché esisterà una civiltà umana in grado di sfruttarle. Anche la legna è una fonte rinnovabile: è possibile averne sempre a disposizione pur di consumarne una quantità limitata e rimboscando laddove si sono abbattuti gli alberi.

- *Energia solare.* La radiazione emessa dal sole rende disponibile sulla superficie terrestre energia in quantità tale da poter generare 150 milioni di TWh (150 milioni di miliardi di chilowattora) all'anno, pari a 15 000 volte il consumo attuale di energia sul pianeta. Le tecnologie solari si distinguono in solare termico, per la produzione di acqua calda per usi sanitari e il riscaldamento degli edifici, e solare fotovoltaico, per la produzione di elettricità.
- *Energia eolica.* L'eolico è la tecnologia che sfrutta il vento per la produzione di energia elettrica. Ha la sua origine nel sole: quasi il 2% dell'irraggiamento solare intercettato dalla terra si trasforma in vento grazie al movimento d'aria generato dalla differenza di temperatura presente sulla superficie terrestre.

- *Energia geotermica.* L'energia della Terra (o energia geotermica) può essere utilizzata sia per produrre calore (acqua calda e riscaldamento), sia energia elettrica. Nelle centrali geotermoelettriche vengono sfruttati acqua calda o vapore che si trovano nel sottosuolo fino a profondità di circa 10 chilometri.
- *Energia da Biomassa.* La biomassa è la materia organica di origine vegetale e animale: residui forestali e agricoli, fanghi di depurazione delle acque, deiezioni animali, rifiuti organici. Da piante oleaginose, come la colza, il girasole e la rapa, si estrae un olio con cui viene prodotto il biodiesel, un combustibile per i motori diesel meno inquinante del gasolio.
- *Energia idroelettrica.* Gli impianti idroelettrici trasformano l'energia meccanica di caduta dell'acqua in energia elettrica. Gli impianti si differenziano in funzione della potenza prodotta:
  1) grande idroelettrico, con potenza maggiore di 1 MW. Il grande idroelettrico non contribuisce all'effetto serra, ma ha un notevole impatto ambientale poiché causa profonde modificazione del territorio.
  2) mini idroelettrico, con potenza minore di 1 MW. Ha un impatto molto basso sull'ambiente.

FUSIONE CALDA

L'energia prodotta nelle stelle proviene da processi nucleari di fusione calda, chiamata in questo modo perché in esse è grazie all'agitazione termica ad altissime temperature che viene vinta la repulsione elettrica tra cariche dello stesso tipo. In futuro una parte consistente dell'elettricità mondiale potrebbe provenire da centrali elettronucleari a fusione calda, il cui sviluppo è però in una fase ancora di ricerca. Sono tre le problematiche di ordine tecnologico e ambientale che devono essere risolte: la stabilità del plasma, il combustibile dove avviene la reazione; l'amplificazione dell'energia (tanta energia si immette nel sistema per produrre il plasma e molta di piú se ne aspetta in uscita) che finora è piuttosto scarsa; lo sviluppo di nuovi materiali con cui realizzare le pareti della centrale e in grado di sostenere il carico termico e radioattivo dei neutroni prodotti durante la reazione. Secondo gli scienziati ci vorranno minimo 40 anni prima della costruzione di una vera e propria centrale a fusione e non dobbiamo pensare che la fusione renderà inutili le altre sorgenti di energia: ci saranno luoghi del pianeta dove le fonti rinnovabili si dimostreranno piú adatte rispetto alla fusione, che sarà comunque una fonte energetica complessa da utilizzare.

GAS SERRA

Gas presenti in atmosfera e responsabili dell'innalzamento della temperatura terrestre attraverso l'effetto serra antropico; il Protocollo di Kyoto considera gas serra: metano, anidride carbonica, ossidi di Azoto, HCF, CFC.

GPL

Il Gpl (gas di petrolio liquefatto) è un combustibile costituito da una miscela di gas butano e propano, presenti nei giacimenti di petrolio, e di prodotti della raffinazione del petrolio. Fino a qualche anno fa l'Italia era leader mondiale nella produzione di Gpl: i primi distributori in Italia risalgono al 1958 e oggi lo si può acquistare praticamente su tutto il territorio nazionale. Il Gpl è usato per i trasporti, il riscaldamento domestico, industriale e agricolo (serre, allevamenti, etc.). Le auto a Gpl rientrano nei limiti stabiliti per legge delle auto «ecologiche»; per questo motivo possono circolare nei giorni di limitazione del traffico in città. Il costo del Gpl è inferiore rispetto agli altri combustibili tradizionali grazie alla semplicità di lavorazione.

IDROGENO

L'idrogeno è uno degli elementi piú diffusi sulla Terra: non è presente allo stato puro ma legato in composti come l'acqua e gli idrocarburi. Elemento già ampiamente usato nell'industria, come propellente per le navicelle spaziali e nella produzione dell'ammoniaca e del gas di città, non è una fonte di energia ma un vettore energetico: combinando un atomo di idrogeno e due di ossigeno si ottiene energia elettrica, oltre che acqua. Questa reazione chimica può avvenire in speciali apparecchi chiamati celle a combustibile, da cui scaturisce energia utilizzabile per la trazione di autoveicoli o per la produzione di energia elettrica per le abitazioni. Tutte le maggiori case automobilistiche, dalla Bmw alla Fiat, dalla Chrysler alla Honda, si sono lanciate nella ricerca sul motore a idrogeno (dal 1993 al 2000 sono stati spesi piú di sei miliardi di dollari) e oggi esistono numerosi prototipi di autovetture a idrogeno, nessuno ancora sul mercato a causa di diverse problematiche tecniche ed economiche irrisolte: manca una rete di distributori di idrogeno, le celle a combustibile hanno ancora un costo molto elevato, in natura l'idrogeno non si trova allo stato libero ma deve essere prodotto e poi stoccato adeguatamente. Per quanto riguarda la produzione di idrogeno, le tecnologie in campo sono due: la piú semplice è quella del reforming, con l'estrazione dell'idrogeno da combustibili fossili, metanolo e nafta. Questa tecnologia ha lo svantaggio di provocare l'emissione in atmosfera di sostanze inquinanti, ma non richiederebbe la creazione di una nuova rete distributiva di idrogeno perché si potrebbe utilizzare quella già esistente per la benzina. La seconda opzione consiste nell'elettrolisi dell'acqua, cioè nella scissione della molecola di acqua in idrogeno e ossigeno. L'elettrolisi, per essere innescata, richiede energia dall'esterno che potrebbe essere fornita in maniera pulita da fonti rinnovabili (fotovoltaico o eolico).

INCENERITORE

Impianto tecnologico in cui vengono bruciati rifiuti sotto forma di CDR (Combustibile derivato dai rifiuti) per produrre energia. In un inceneritore entrano i seguenti materiali: CDR, combustibile per sostenere il processo di combustione, aria (ossigeno) come comburente, acqua per il filtraggio dei fumi, sabbia per alimentare il letto fluido (nel caso di inceneritori a letto fluido). In uscita si ottengono: ceneri in quantità pari a circa un terzo di quella dei rifiuti trattati; fumi contenenti ceneri volatili e gas prodotti nel processo di combustione; acqua proveniente dal processo di combustione e dal lavaggio dei fumi; fanghi dalla depurazione delle acque di processo; carboni attivi provenienti dai filtri dei fumi; inerti (nel caso di inceneritori a letto fluido). Piuttosto che l'incenerimento andrebbe promossa una capillare raccolta differenziata e il riciclaggio dei materiali perché l'incenerimento di una risorsa comporta non un recupero ma uno spreco energetico in quanto viene persa per sempre l'energia spesa per produrla.

IRRAGGIAMENTO

È il trasferimento di calore che avviene tramite le onde elettromagnetiche: se due corpi si trovano a due temperature diverse, avverrà un passaggio di energia elettromagnetica dal corpo piú caldo a quello piú freddo. Ciascun corpo emette onde elettromagnetiche, il cui spettro dipende dalla temperatura del corpo.

METANO

È il piú semplice degli idrocarburi (composti formati unicamente da carbonio e idrogeno) essendo costituito da un atomo di carbonio e quattro di idrogeno (formula chimica: CH_4). Può essere usato per la produzione di energia elettrica nelle centrali a ciclo combinato, come combustibile per i trasporti, per la produzione di calore nelle caldaie e per la cottura dei cibi. L'uso del metano al posto degli altri combustibili fossili consente di diminuire anche del 25% la produzione di anidride carbonica e possiede una reattività molto scarsa nei processi che portano alla formazione dell'ozono nella bassa atmosfera. Il metano è uno dei gas che danno luogo all'effetto serra antropico; è prodotto dalla decomposizione dei rifiuti nelle discariche, durante la fase di digestione dai ruminanti e in quella di decomposizione dei resti animali, nelle coltivazioni di riso sommerse dall'acqua e nel trasporto e nella produzione di carbone e gas naturale. Risulta 21 volte piú potente dell'anidride carbonica nel trattenere il calore, ma la sua concentrazione in atmosfera è 100 volte inferiore e vi permane per meno tempo (circa 12 anni); la sua concentrazione è raddoppiata a partire dall'era industriale e aumenta a un ritmo dello 0,6% l'anno.

OLIO COMBUSTIBILE

Sostanza prodotta dalla raffinazione del petrolio e utilizzata come combustibile per l'industria, le centrali termoelettriche e come carburante per le navi.

ONDA ELETTROMAGNETICA

Un'onda elettromagnetica è associata all'oscillazione di un campo elettrico e di un campo magnetico che giacciono in un piano perpendicolare alla direzione di avanzamento dell'onda. Come ogni altro tipo di onda, quelle elettromagnetiche sono caratterizzate da una frequenza di oscillazione λ, da una lunghezza d'onda ν e da una velocità v che dipende dal mezzo di propagazione. La relazione che lega queste tre grandezze è: $v = \lambda \times \nu$. A differenza delle onde sonore, quelle elettromagnetiche si propagano anche nel vuoto, dove posseggono una velocità di circa 300 000 km/s. L'energia dell'onda elettromagnetica dipende dalla sua frequenza: all'aumentare della frequenza aumenta anche l'energia. La luce è un'onda elettromagnetica con una frequenza tipica fra i $384 \cdot 10^{12}$ Hz (per il rosso) e $769 \cdot 10^{12}$ Hz (per il violetto). Altre tipologie di onde elettromagnetiche sono la radiazione infrarossa, ultravioletta, le onde radio, i raggi X.

OSSIDI DI AZOTO

Gas costituiti da un atomo di Azoto e un numero variabile di atomi di ossigeno (formula chimica: NOx). Gli ossidi di Azoto sono sostanze inquinanti che vengono prodotte nella combustione di combustibili fossili e da processi industriali. Essi contribuiscono alle piogge acide, all'eutrofizzazione dei suoli e alla formazione di ozono nella bassa atmosfera.

OZONO

È un gas la cui molecola è costituita da tre atomi di ossigeno (formula chimica: O_3); è presente negli strati alti dell'atmosfera (per il 90% nella stratosfera e per il 10% nella troposfera) e protegge le forme viventi sulla Terra dalle radiazioni ultraviolette. L'ozono si può originare anche negli strati bassi dell'atmosfera a causa di reazioni chimiche prodotte dall'inquinamento atmosferico ed è un agente irritante per occhi e vie respiratorie.

PANNELLO SOLARE FOTOVOLTAICO

Sistema progettato per trasformare la radiazione solare in energia elettrica. L'elemento di base di un generatore fotovoltaico è la cella fotovoltaica, costituita da materiale semiconduttore (in genere silicio) opportunamente trattato mediante «drogaggio». La base della cella è il wafer di silicio, fetta di materiale di spessore tra 250 e 350 μm (millesimi di millimetro). Il wafer è ottenuto dal taglio dei lingotti prodotti mediante fusione del silicio di scarto dell'industria elettronica. Un insieme di celle collegate tra loro (in serie o in parallelo) crea un modulo; un insieme di moduli collegati in serie tra loro crea una stringa. I moduli fotovoltaici possono essere in:

1) *silicio cristallino*: silicio a struttura cristallina che, a seconda della struttura atomica che lo caratterizza, può essere monocristallino o policristallino;
2) *silicio amorfo*: tipo di silicio che non ha struttura cristallina e usato per la costruzione di celle di spessore molto inferiore rispetto a quelle cristalline.

PANNELLI SOLARI TERMICI

Si tratta di dispositivi costituiti da una superficie piana che contiene un fluido (normalmente acqua addizionata con antigelo) il quale, riscaldato dal sole, trasferisce calore all'acqua contenuta in un serbatoio isolato termicamente. Perciò nel serbatoio, che è coibentato al fine di conservare il calore, si trovano due circuiti idraulici separati: quello primario del pannello, in cui circola il liquido riscaldato dal sole, e quello secondario in cui circola acqua sanitaria e che è collegato all'impianto idraulico di casa. All'interno del pannello si sfrutta il fenomeno dell'effetto serra: la copertura trasparente lascia passare la radiazione solare sotto forma di luce, ma diventa opaca al calore emesso dalla piastra, che cosí accumula piú calore. In questo modo il collettore assorbe e cede una quantità maggiore di energia all'acqua, che può raggiungere anche una temperatura di 60-70 °C. La principale applicazione è costituita dalla produzione di acqua calda sanitaria e riscaldamento degli ambienti per residenze monofamiliari e bifamiliari. I pannelli solari sono convenienti anche in applicazioni collettive non residenziali quando è necessario produrre acqua fino a 50 °C e con continuità durante l'anno: centri sportivi, ospedali, caserme, alberghi, case di cura. I sistemi solari termici possono essere anche installati sui condomini dotati di un impianto centralizzato per la produzione di acqua calda.
Una volta l'anno i vetri devono essere puliti e deve essere verificata la presenza dell'antigelo nel circuito solare. Per i collettori di piccole dimensioni entrambe le attività possono essere effettuato direttamente dal proprietario.

PIOGGE ACIDE

Ricaduta dall'atmosfera sulla superficie terrestre di acido solforico e nitrico, che sono sostanze acide; tale ricaduta può essere umida se accompagna delle precipitazioni (piogge, neve, nebbie, rugiade, ecc.) oppure secca. Il fenomeno ha raggiunto il suo apice una quindicina di anni fa e da allora è in attenuazione in quasi tutto il pianeta, compreso il nostro

paese, perché è diminuito l'uso di carbone e olio combustibile, combustibili ad alto contenuto di Zolfo, ed è cresciuto quello del metano. Le piogge acide sono provocate dalla presenza nell'atmosfera di ossidi di Zolfo e Azoto, che vengono generati principalmente nella combustione di fonti fossili. Gli ossidi di Azoto, prodotti in tutte le combustioni che raggiungono elevate temperature, come nei motori a scoppio delle auto, a contatto con il vapore acqueo portano alla formazione dell'acido nitrico; l'anidride solforosa dà luogo all'acido solforico.
Le piogge acide non presentano un pericolo diretto per l'uomo ma sono corrosive e possono danneggiare la vegetazione e accelerare il degrado dei materiali da costruzione e delle vernici, oltre che minacciare la vita nelle acque. Poiché in gran parte del territorio italiano sono presenti rocce calcaree che neutralizzano l'acidità, le piogge acide in Italia hanno provocato conseguenze di carattere ambientale soprattutto ai laghi delle Alpi e degli Appennini di alta quota, che spesso non presentano rocce di questo tipo nei loro bacini imbriferi. Le piogge acide influiscono soprattutto sulla riproduzione degli organismi acquatici perché le uova sono molto sensibili all'acidità dell'acqua. Le sostanze inquinanti vengono spesso trasportate dai venti lontano da dove sono emesse, come nel caso del Canada, che riceve le piogge acide prodotte dalle industrie della costa orientale degli Stati Uniti, o della Scandinavia meridionale, su cui ricadono le piogge acide provocate dagli altri paesi europei. In Canada e in Scandinavia diverse foreste sono state distrutte dalle piogge acide e ci sono laghi in uno stato di morte biologica, con perdite economiche molto ingenti dovute alla scomparsa di fauna ittica pregiata. La diminuzione di alcuni degli inquinanti delle piogge acide dipende dall'azione di una parte dei paesi, fra cui l'Unione Europea, che hanno stabilito limiti piú stringenti nelle emissioni. Ricordiamo, però, che le forme di inquinamento dell'atmosfera sono in realtà molto piú numerose.

POTENZA

Energia prodotta nell'unità di tempo. Si misura in Watt = Joule/secondi; dal punto di vista elettrico, la potenza di un Watt è sviluppata in un circuito elettrico da una corrente di 1 Ampère che attraversa una differenza di potenziale di 1 Volt: 1 Watt = 1 Ampère · 1 Volt. I multipli del Watt sono:

Chilowatt: kW = 10^3 W
Megawatt: MW = 10^6 W
Gigawatt: GW = 10^9 W
Terawatt: TW = 10^{12} W

PROTOSSIDO DI AZOTO (N_2O)

Gas serra con un elevato potenziale di riscaldamento globale (310). Le cause della sua creazione sono l'uso di fertilizzanti organici in agricoltura, l'utilizzo dei combustibili fossili e la produzione dell'acido nitrico.

RADIAZIONE INFRAROSSA

Costituisce la banda dello spettro elettromagnetico compresa tra il visibile e le onde radio ed è emessa da tutti i corpi. Alcuni dei gas presenti in atmosfera assorbono fortemente la radiazione infrarossa emessa dalla superficie terrestre e, in parte, la irradiano di nuovo verso la Terra, alimentando cosí l'effetto serra.

RADIAZIONE SOLARE

Energia elettromagnetica che viene emessa dal sole in seguito ai processi di fusione nucleare.

RADIAZIONE ULTRAVIOLETTA

Onda elettromagnetica che occupa la regione dello spettro elettromagnetico compresa tra la luce visibile e i raggi X, con frequenze da $8 \cdot 10^{14}$ Hz a $2{,}4 \cdot 10^{16}$ Hz. Il sole genera intensi raggi ultravioletti che interagiscono con gli atomi dello strato alto dell'atmosfera che prende il nome di Ionosfera perché in esso questi raggi vengono ionizzati. Una piccola parte di radiazione ultravioletta penetra fino alla superficie della Terra ed è quella che provoca la tintarella quando ci esponiamo al sole (l'uomo non riesce a vedere i raggi ultravioletti perché essi vengono assorbiti dalla cornea). Le radiazioni ultraviolette trovano applicazione in medicina e in certi processi di sterilizzazione ma un'esposizione eccessiva può provocare malattie come la cataratta, il cancro della pelle e alterazioni del sistema immunitario.

SISTEMA FOTOVOLTAICO *vedi* «PANNELLO SOLARE FOTOVOLTAICO»

SUV (SPORT UTILITIES VEHICLES)

Auto ibride nate da due ceppi: le grandi utilitarie e i fuoristrada. I Suv hanno interni rifiniti da «effetto salottino» tipici di una berlina. Diverse associazioni ambientaliste hanno promosso campagne anti-Suv a causa dei loro elevati consumi, dello spazio che occupano (soprattutto in città) e del grande numero di incidenti in cui tali mezzi sono coinvolti.

TEP (TONNELLATE EQUIVALENTI DI PETROLIO)

Unità di misura che consente di confrontare l'energia prodotta da diverse fonti energetiche. Un Tep equivale all'energia ottenuta dalla combustione di una tonnellata di petrolio, vale a dire a circa 10 milioni di chilocalorie.

TONNELLATA DI CO_2 EQUIVALENTE
Unità di misura che consente di confrontare le emissioni di diversi gas che contribuiscono all'effetto serra antropico. Il metano ha un potenziale serra 21 volte superiore rispetto alla anidride carbonica, per cui una tonnellata di metano viene contabilizzata come 21 tonnellate di CO_2 equivalente; il protossido di Azoto (N_2O) ha un potenziale serra 310 volte maggiore: una tonnellata di N_2O conta come 310 tonnellate di CO_2 equivalenti per gli effetti sul riscaldamento globale.

VEGAN
A differenza dei vegetariani, che si limitano a non mangiare la carne, i «vegan» non usano o consumano alcun prodotto di origine animale, come latte e formaggi, uova, pellicce, cuoio, lana e i prodotti testati sugli animali. Vegan (o Vegano) è la contrazione del termine inglese «vegetarian».

WATTORA (Wh)
Unità di misura dell'energia. Equivale all'erogazione di un Watt di potenza per un'ora di tempo. I multipli del Wattora sono:
Chilowattora: kWh = 10^3 Wh
Megawattora: MWh = 10^6 Wh
Gigawattora: GWh = 10^9 Wh
Terawattora: TWh = 10^{12} Wh

Siti internet

Acqua.

http://www.acqualab.it: laboratorio per la gestione dell'acqua
http://www.acquarisparmiovitale.it: sito della Regione Emilia Romagna sul risparmio delle risorse idriche
http://www.cipsi.it: forum alternativo dell'acqua
http://www.contrattoacqua.it: contratto mondiale sull'acqua.

Alpi, aree protette e foreste.

http://www.alpmedia.net: servizio di informazione per lo sviluppo sostenibile nelle Alpi
http://www.amazonia.org: associazione per la difesa dell'ambiente amazzonico
http://www.cipra.org: Cipra – Commissione internazionale per la protezione delle Alpi
http://www.clubecolegno.it: «Club per il Legno Ecocertificato» del WWF sulla certificazione FSC
http://www.corpoforestale.it: Corpo forestale dello Stato
http://www.federparchi.it: Federparchi – Federazione italiana dei Parchi e delle Riserve naturali
http://www.fsc-italia.it: Forest Stewardship Council Italia
http://www.parks.it: il portale delle aree protette italiane, gestito da Federparchi.

Associazioni ambientaliste.

http://www.amicidellaterra.it: Amici della Terra
http://www.animalisti.it: Associazione animalisti italiani
http://www.fondoambiente.it: Fai – Fondo per l'ambiente italiano
http://www.greencrossitalia.it: Greencross Italia
http://www.greenpeace.it: Greenpeace Italia

http://www.infolav.org: Lega anti-vivisezione
http://www.italianostra.org: Italia Nostra
http://www.legambiente.com: Legambiente
http://www.lipu.it: Lega italiana protezione uccelli
http://www.mountwild.it: Mountain Wilderness
http://www.vegetariani.it: Avi – Associazione vegetariana italiana
http://www.wwf.it: WWF Italia.

Associazioni per la difesa dei diritti dei consumatori.

http://www.adiconsum.it: Adiconsum – Associazione italiana dei consumatori
http://www.codacons.it: Coordinamento delle Associazione per la difesa dell'ambiente e la tutela dei diritti di utenti e dei consumatori
http://www.intesaconsumatori.it: Intesa dei consumatori (Adoc - Adusbef - Codacons - Federconsumatori).

Bioarchitettura.

http://www.aibiocostruire.org: Associazione italiana biocostruire
http://www.anab.it: Associazione nazionale architettura bioecologica
http://www.bioarchitettura.org: Istituto nazionale di bioarchitettura
http://www.bioarchitettura.rm.it: Associazione bioarchitettura italiana.
http://www.bioediliziaitalia.org: BioediliziaItalia, Istituto qualificazione bioedilizia.

Biologico.

http://www.aiab.it: AIAB – Associazione italiana agricoltura biologica
http://www.amab.it: AMAB – Associazione mediterranea di agricoltura biologica
http://www.anabio.it: Anabio – Associazione nazionale agricoltura biologica.
http://www.bioagriturismi.it: gli elenchi e le schede di tutti gli agriturismi che aderiscono al disciplinare di Aiab
http://www.biobank.it: sito di informazione sull'agricoltura biologica
http://www.biodomenica.it: Biodomenica, la campagna nazionale per il biologico organizzata da Aiab e Legambiente che si svolge ogni anno la prima domenica di ottobre
http://www.chimicaverde.it: per saperne di piú sulla possibilità di sostituire prodotti di origine sintetica con analoghi di origine vegetale

http://www.fiao.it: Fiao – Federazione italiana agricoltura organica
http://www.icea.info: Icea – Istituto per la certificazione etica ed ambientale
http://www.organicxseeds.com: banca dati sulle sementi
http://www.prezzibio.it: Osservatorio nazionale dei prezzi dei prodotti biologici.

Consumo critico ed etico.

http://www.eco-label.com: marchio europeo «Ecolabel»
http://www.equo.it: TransFair Italia
http://www.ethibel.org: principale agenzia indipendente di indagine in campo economico-ambientale
http://www.eticasgr.it: società di gestione del risparmio di Banca Etica
http://www.retecosol.org: Rete delle Economie solidali
http://www.retegas.org: Rete italiana dei Gruppi di Acquisto Solidale
http://www.retelilliput.net: Rete Lilliput.

Energie rinnovabili, idrogeno, risparmio energetico.

http://www.aper.it: Aper – Associazione produttori energia da fonti rinnovabili
http://www.anev.org: Anev – Associazione nazionale energia del vento
http://www.assolterm.it: Assolterm – Associazione italiana solare termico
http://www.ecosportelloenergia.org: sportello informativo di Legambiente per lo sviluppo di politiche e programmi di sostenibilità ambientale
http://www.ewea.org: Ewea – European Wind Energy Association
http://www.fire-italia.it: Fire Italia – Federazione italiana per l'uso razionale dell'energia
http://www.fonti-rinnovabili.it: sportello informativo di Legambiente sulle fonti rinnovabili
http://www.h2it.org: H_2IT – Associazione italiana idrogeno e celle a combustibile
http://www.isesitalia.it: Ises Italia – International Solar Energy Society
http://www.itabia.it: Itabia – Associazione italiana biomasse.

Informazione ambientale on-line.

http://www.alpmedia.net: Alpmedia, informazioni sulle Alpi
http://www.altroconsumo.it: Altroconsumo
http://www.carta.org: Carta, giornale quotidiano su Internet sul consumo critico
http://www.consumietici.it: Consumi etici
http://www.ecodallecitta.it: Eco dalle città
http://www.e-gazette.it: E-gazette.it
http://www.endodisru.iss.it: sito sui distruttori endocrini, sviluppato dall'Istituto superiore di sanità
http://www.energoclub.it: club per la riconversione del sistema energetico
http://gaiaitalia.it: portale di natura, animali e salute
http://www.greensite.it: notizie, commenti ed elenco degli eventi dell'ecoeconomia
http://www.ilportaledelsole.it: notizie, scienza e tecnologia sull'energia solare
http://wireo.ises.org: portale di informazione di Ises International sulle energie rinnovabili
http://www.lanuovaecologia.it: «la Nuova Ecologia», il mensile di Legambiente
http://www.nonsoloaria.com: inquinamento dell'aria
http://www.qualazampa.it: animali e natura
http://www.rifiutilab.it: rifiuti e raccolta differenziata
http://www.rifiutinforma.it: rivista on-line sui rifiuti
http://www.vita.it: VITA, informazione on-line sul terzo settore.

Istituti ed Enti di Ricerca.

http://www.ambienteitalia.it: Istituto di Ricerche Ambiente Italia
http://www.antarctica.ac.uk: British Antarctic Survey
http://www.cnr.it: Cnr – Consiglio Nazionale delle Ricerche
http://earth-policy.org: Earth Policy Institute
http://www.enea.it: Enea – Ente per le nuove tecnologie, l'energia e l'ambiente
http://www.energy-plus.org: Energy-Plus, progetto europeo su frigoriferi e congelatori efficienti
http://www.kyotoclub.org: Kyoto Club
http://www.iss.it: Istituto superiore di sanità
http://www.issi.it: Issi - Istituto per lo sviluppo sostenibile
http://www.worldwatch.org: World Watch Institute.

Istituzioni internazionali.

http://www.europe.eu.int: Ue – Unione Europea
http://www.fao.org: Fao – Organizzazione mondiale per l'alimentazione e l'agricoltura
http://www.ilo.org: Ilo – Organizzazione mondiale del lavoro
http://www.imf.org: Fmi – Fondo monetario internazionale
http://www.oecd.org: Oecd – Organizzazione per la cooperazione economica e lo sviluppo
http://www.un.org: Onu – Nazioni Unite
http://www.unccd.int: Unccd – Convenzione delle Nazioni Unite contro la Desertificazione
http://www.undp.org: Undp – Programma delle Nazioni Unite per lo Sviluppo
http://www.unep.org: Unep – Programma delle Nazioni Unite per l'Ambiente
http://www.unesco.org: Unesco – Organizzazione delle Nazioni Unite per l'educazione, la scienza e la cultura
http://www.worldbank.org: Banca Mondiale
http://www.wto.org: Wto – Organizzazione mondiale per il commercio
http://www.wmo.org: Omm – Organizzazione meteorologica mondiale
http://www.who.int: Oms – Organizzazione mondiale per la sanità.

Istituzioni italiane.

http://www.apat.gov.it: Agenzia per la protezione dell'ambiente e per i servizi tecnici
http://www.federambiente.it: Federambiente – Federazione italiana servizi pubblici igiene ambientale
http://www.beniculturali.it: ministero per i Beni culturali e ambientali
http://www.governo.it: Governo italiano
http://www.infrastrutturetrasporti.it: ministero dei Trasporti e Navigazione
http://www.istat.it: Istat – Istituto nazionale di statistica
http://www.italia.gov.it: portale che raccoglie tutte le pagine web dell'amministrazione pubblica
http://www.minambiente.it: ministero dell'Ambiente e della Tutela del territorio
http://www.ministerosalute.it: ministero della Salute
http://www.politicheagricole.it: ministero per le Politiche agricole
http://www.puntoenergia.com: Agenzie punto energia
http://www.sinanet.anpa.it: Anpa – Agenzia nazionale per la protezione dell'ambiente.

Mobilità sostenibile.

http://www.ecotrasporti.it: giornale on-line sulla mobilità sostenibile
http://www.euromobility.org: Associazione Italiana dei Mobility Manager
http://www.fiab-onlus.it: Fiab – Federazione italiana amici della bicicletta
http://www.icscarsharing.it: Ics – Iniziativa car sharing
http://www.uniontrasporti.camcom.it: sito delle camere di commercio italiane per una politica di trasporti al servizio del sistema delle imprese
http://www.viavai.it: per chi offre e per chi cerca passaggi in auto
http://www.vittimestrada.org: Associazione familiari vittime della strada.

Rifiuti.

http://www.cial.it: Cial – Consorzio Imballaggi in Alluminio
http://www.cobat.it: Cobat – Consorzio obbligatorio batterie al piombo esauste e rifiuti piombosi
http://www.conai.org: Conai – Consorzio nazionale imballaggi
http://www.consorzio-acciaio.org: Consorzio nazionale per il riciclo e il recupero degli imballaggi di acciaio
http://www.coou.it: Coou – Consorzio obbligatorio degli oli usati
http://www.corepla.it: Corepla – Consorzio nazionale per la raccolta, il riciclaggio e il recupero dei rifiuti di imballaggi in plastica
http://www.comieco.org: Comieco – Consorzio nazionale recupero e riciclo degli imballaggi a base cellulosica
http://www.coreve.it: Coreve – Consorzio nazionale recupero vetro
http://www.ecosportello.org: sportello informativo di Legambiente e Conai su rifiuti e raccolta differenziata
http://www.osservatorionazionalerifiuti.it: Osservatorio Nazionale sui Rifiuti.
http://www.rilegno.it: Rilegno – Consorzio nazionale rilegno.

Turismo responsabile.

http://www.aitr.org: Aitr – Associazione italiana turismo responsabile.
http://www.legambienteturismo.it: Legambiente turismo
http://www.ostellionline.org: Ostelli della gioventú italiani
http://www.servas.it: Servas – Porte aperte.

Volontariato.

http://www.arciserviziocivile.it: Servizio civile nazionale
http://www.centrovolontariato.it: Centro nazionale per il volontariato
http://www.manitese.it: Manitese
http://www.sci-italia.org: Servizio civile internazionale.

Indirizzi utili

Abi – Associazione bioarchitettura italiana
Via Monte Cervialto 127, 00139 Roma
Tel. 06-8862624
Fax 06-8862623
info@bioarchitettura.rm.it
www.bioarchitettura.rm.it

Adiconsum – Associazione italiana dei consumatori
Via G.M. Lancisi 25, 00161 Roma
Tel. 06-4417021
Fax 06-44170230
adiconsum@adiconsum.it
www.adiconsum.it

Aiab – Associazione italiana per l'agricoltura biologica
Via Piave 14, 00187 Roma
Tel. 06-45437485-6-7
Fax 06-45437469
aiab@aiab.it
www.aiab.it

Aib – Associazione italiana biocostruire
Via Zampariul 2, 33010 Montenars (Ud)
Tel. 0432-971284
Fax 0432-891577
info@aibiocostruire.org
www.aibiocostruire.org

Aitr – Associazione italiana turismo responsabile
via E. Breda 54, 20126 Milano
Tel. 02-25785763
Fax 02-2552270
info@aitr.org
www.aitr.org

Amab – Associazione mediterranea agricoltura biologica
Via Po 25c, 00198 Roma
Tel. 06-84497423
Fax 06-84497269
amab@amab.it
www.amab.it

Amici della Terra
Via di Torre Argentina 18, 00186 Roma
Tel. 06-6868289
Fax 06-8308610
amiterra@amiciterra.it
www.amiciterra.it

Animalisti italiani
Via degli Ontani 32, 00172 Roma
Tel. 06-23232569
Fax 06-23232598
info@animalisti.it
www.animalisti.it

Anab – Associazione nazionale architettura bioecologica
Via G.Morelli 1, 20129 Milano
Tel. 02-76390153
Fax 02-76399798
info@anab.it
www.anab.it

Aper – Associazione produttori energie da fonti rinnovabili
Piazzale R. Morandi 2, 20121 Milano
Tel. 02-76319199
Fax 02-76397608
www.aper.it

Arci Servizio civile
Via dei Monti di Pietralata 16, 00157 Roma
Tel. 06-41734392
Fax 06-41796224
parliamone@arciserviziocivile.it
www.arciserviziocivile.it

Assolterm – Associazione italiana solare termico
Corso Matteotti 64, 73040 Acquarica del Capo (Le)
Telefono e fax: 0833-730796
assolterm@assolterm.it
www.assolterm.it

Avi – Associazione vegetariana italiana
viale Brianza 20 - 20127 Milano
Tel. 02-45471720/1
Fax 02-45471721
info@vegetariani.it
www.vegetariani.it

Cai – Club alpino italiano
Via Petrella 19, 20124 Milano
Tel. 02-2057231
Fax 02-205723201
www.cai.it

Centro Nazionale per le energie rinnovabili
e lo sviluppo sostenibile di Legambiente
Località Enaoli - 58010 Grosseto
Tel. 0564-48771
Fax 0564-487740
info@fonti-rinnovabili.it
www.fonti-rinnovabili.it

Cipsi – Coordinamento di iniziative popolari di solidarietà internazionale
Viale Baldelli 41, 00146 Roma
Tel. 06-54 14 894
Fax 06-5960 0533
www.cipsi.it

Cipra Italia – Commissione internazionale per la protezione delle Alpi
c/o Pro Natura Torino, via Pastrengo 13, I-10128 Torino,
Tel. 011-548 626
Fax 011-503 155,
cipra@arpnet.it
www.cipra.org

Codacons – Coordinamento delle associazioni per la difesa dell'ambiente e dei diritti degli utenti e dei consumatori
Viale Mazzini 73, 00195 Roma
Tel. 06-37351738
Fax 06-3701709
info@codacons.it
www.codacons.it

Cts – Centro turistico studentesco e giovanile
Via A. Vesalio 6, 00161 Roma
Tel. 06-441111
Fax 06-44111400
www.cts.it

Enea – Ente per le nuove tecnologie, l'energia e l'ambiente
Lungotevere Thaon di Revel 76, 00196 Roma
Tel. 06-36271
Fax : 06-36272591/2777
www.enea.it

Fai – Fondo per l'ambiente italiano
Viale Coni Zugna 5, 20144 Milano
Tel 02-4676151
Fax 02-48193631
info@fondoambiente.it
www.fondoambiente.it

Fiao – Federazione italiana agricoltura organica
Via Marconi 71, 40122 Bologna
Tel. 051-4210272
Fax 051-4228880
fiao@fiao.it
www.fiao.it

Federparchi – Federazione italiana parchi e riserve naturali
Via Cristoforo Colombo 149, 00147 Roma
Tel. 06-51604940
Fax 06-51430472
segreteria.federparchi@parks.it
www.federparchi.it

Green Cross onlus
Via Flaminia 53, 00196 Roma
Tel. 06-36004300
Fax 06-36081827
info@greencrossitalia.it
www.greencrossitalia.it

Greenpeace Italia
Piazza dell'Enciclopedia Italia 50, 00187 Roma
Tel. 06-68136061
Fax 06-45439793
info@greenpeace.it
www.greenpeace.it

Ics – Iniziativa car sharing
Via di Francia 1, 16149 Genova
Tel. 010-5577826
Fax 010-5573589
info@icscarsharing.it
www.icscarsharing.it

Ises Italia – International Solar Energy Society
Piazza Bologna 22, 00162 Roma
Tel. 06-44249241 / 44249247
Fax 06-44249243
info@isesitalia.it
www.isesitalia.it

Italia Nostra
Via Nicolò Porpora 22, 00198 Roma
Tel. 06-8440631
Fax 06-8844634
info@italianostra.org
www.italianostra.org

Lav – Lega anti-vivisezione
Via dei Portoghesi 18, 00186 Roma
Tel. 06-6867835
lav@infolav.org
www.infolav.org

Legambiente onlus
Via Salaria 403, 00199 Roma
Tel. 06-862681
Fax 06-86218474
legambiente@legambiente.com
www.legambiente.com

Lipu – Lega italiana protezione uccelli
Via Trento, 49 - 43100 Parma
Tel. 0521-273043
Fax 0521-273419
info@lipu.it
www.lipu.it

Manitese
Piazza Gambara 7/9, 20146 Milano
Tel. 02-4075165
Numero verde 800552456
Fax 02-4046890
manitese@manitese.it
www.manitese.it

Mountain Wilderness
Via Unione Sovietica 2, 41012 Carpi (Mo)
Tel e fax: 059-692151
info@mountainwilderness.it
www.mountainwilderness.it

WWF Italia Onlus
Via Po 25/c, 00198 Roma
tel. 06-844971
posta@wwf.it
www.wwf.it

Fonti dei dati

Introduzione

Ambiente Italia 2005 di Legambiente e Istituto ricerche ambiente italia (Edizioni Ambiente, 2005): consumi energetici internazionali, bilancio energetico nazionale, produzione di energia elettrica da fonti rinnovabili in Italia e all'estero, emissioni di anidride carbonica globali.
State of the world 2004 del World Watch Institute (Edizioni Ambiente, 2004): consumo di materie prime nel mondo.
Organizzazione mondiale della sanità: mortalità a livello mondiale a causa degli effetti del cambiamento climatico.
Fao: numero di persone sottonutrite nel mondo.
Super size me (http://www.supersizeme.com): diffusione dell'obesità tra gli americani.
Rosario Mosello (Cnr – Centro nazionale ricerche, Ise): piogge acide ed eutrofizzazione dei suoli e delle acque.
Iea (International Energy Agency): emissioni di CO_2 a livello mondiale dal 1990 a oggi.
Ministero dell'Ambiente: stima delle emissioni italiane di anidride carbonica.
Ministero della Salute: ricerca Misa-2 sulle conseguenze dell'inquinamento dell'aria sulla salute umana in Italia.
Giuseppe Gorini (Università di Milano, dipartimento di Fisica): energia nucleare da fusione.
G8 Renewable Energies Task Force (http://www.g8italia.it/UserFiles/347.pdf): costi esterni delle diverse fonti energetiche usate per la produzione di elettricità.
European Environment Agency: finanziamenti dei Paesi europei per i settori delle fonti fossili e delle fonti rinnovabili; emissioni di gas serra in Italia.

1. Trasporti

Lorenzo Bertuccio (Euromobility): offerta mezzi pubblici in Italia e in Europa, lunghezza media degli spostamenti nelle città italiane, uso della bicicletta negli spostamenti in città, piste ciclabili in Italia e all'estero, riduzione delle emissioni inquinanti grazie al Gpl.

Ambiente Italia 2005 di Legambiente e Istituto ricerche ambiente italia (Edizioni Ambiente, 2005): consumi energetici del settore dei trasporti in Italia, densità di auto.

Viaggia con poca energia, opuscolo collana «Nuove soluzioni nell'utilizzo dell'energia» (Comunità Europea, 2000): consumo di energia dei mezzi di trasporto in proporzione al numero di passeggeri.

Risparmio energetico in auto, opuscolo collana «Sviluppo sostenibile» di Enea: corretta gestione dell'auto.

«Casa Energia» 2004, n. 2, p. 60: produzione di CO_2 delle autovetture.

http://www.citycarshare.org: studio dell'Università di Berkeley sui vantaggi ambientali del car sharing.

http://www.milanocarsharing.it: i vantaggi ambientali del servizio di car sharing.

http://www.icscarsharing.it: dati sul car sharing in Italia e nel mondo.

Stefano Cannata: il MilanoCarsharing.

II. Energia elettrica

Grtn (Gestore della rete di trasmissione nazionale): consumi elettrici in Italia.

Daniele Forni (Fire - Federazione italiana per il risparmio energetico): etichetta energetica degli elettrodomestici, numero di condizionatori in Italia.

Pierluigi Alari (Eeerg - Politecnico di Milano): i consumi delle lampade fluorescenti compatte e degli elettrodomestici a risparmio energetico.

Paola Villani (Kyoto Club): emissioni di CO_2 provocate dalla generazione elettrica in Italia.

Risparmio energetico con gli elettrodomestici, opuscolo collana «Sviluppo sostenibile» di Enea, *Ecoguida all'uso degli elettrodomestici*, WWF-Electrolux: corretto uso degli elettrodomestici.

Gifi (Gruppo imprese fotovoltaiche italiane): sistemi fotovoltaici.

III. Proteggere la casa dal caldo e dal freddo

Lionello Augelli (Ministero Attività Produttive): consumi energetici ed emissioni inquinanti nelle abitazioni italiane, utilizzo della lana di vetro come isolante.

Marco Masoero (Politecnico di Torino): impianto di riscaldamento, sistema a pannelli radianti.

Assolterm (Associazione Italiana Solare Termico): produzione energetica e dimensionamento dei pannelli solari termici in Italia.
Astif (Association Solar Thermal Industry Federation): superficie di pannelli solari termici installati a livello internazionale.
Energia – ambiente – edificio, edito da Enea-Finco (2004): dati generali sui consumi energetici degli edifici italiani.
Alessandro Panzeri (Anit – Associazione nazionale per l'isolamento termico e acustico): emissioni di CO_2 provocate dalla produzione di energia che fuoriesce dagli edifici.
Eurima - European Association of Insulation Manufacturers (http://www.eurima.org): spessore degli strati isolanti per tetti, pareti perimetrali e finestre in Italia e in Europa.
Provincia autonoma di Bolzano e Provincia autonoma di Trento: superficie totale dei pannelli solari termici installati in Trentino Alto Adige.
«Casa Energia», 2004, n. 1, p. 30: vetri a bassa emissività.
«Casa Energia», 2004, n. 4, p. 8: serre solari, vantaggi energetici dell'uso della vegetazione.
«Casa Energia», 2005, n. 3, p. 17: orientazione degli edifici.
http://www.provinz.bz.it/umweltagentur/2902/klimahaus/index_i.htm: marchio CasaClimapiú della Provincia Autonoma di Bolzano.

IV. I rifiuti

Rapporto 2004 dell'Osservatorio nazionale rifiuti e *Ambiente Italia 2005* di Legambiente e Istituto ricerche ambiente Italia (Edizioni Ambiente, 2005): dati generali sulla produzione di rifiuti e la raccolta differenziata in Italia.
Rapporto *Comuni Ricicloni 2004* di Legambiente: raccolta differenziata a livello comunale.
Stefano Ciafani (Legambiente): inquinamento di discariche e inceneritori.
Rapporto Legambiente sui rifiuti: tempi di biodegradabilità dei rifiuti.
Salvatore Granata (Legambiente Sicilia): manifestazioni ambientaliste di Legambiente nel parco dei Nebrodi.
www.materbi.it: produzione e vantaggi di materiali in Mater-Bi.
Corpo forestale dello Stato: diffusione delle discariche illegali in Italia.
Cobat: raccolta di batterie esauste in Italia.
Comieco: imballaggi prodotti in Italia.
«Casa Energia», 2004, n. 4, p. 78: biogas prodotto dalle discariche italiane ed europee.
Ministero dell'Ambiente: normative italiane ed europee sulla raccolta di rifiuti di apparecchiature elettriche ed elettroniche.

v. Acqua

Dossier acqua 2003 di Legambiente: perdite ed età della rete idrica italiana.
Romano Pagnotta (Cnr – Centro Nazionale Ricerche, Irsa): consumi di acqua pro-capite in Italia e nel mondo.
«State of the world 2004» (World Watch Institute): consumi energetici ed emissioni inquinanti per la produzione di Pet.
Lucia Venturi (Comitato scientifico Legambiente): qualità dell'acqua degli acquedotti e consumo di acqua in bottiglia.
Omm (Organizzazione mondiale della sanità, Nazioni Unite): disponibilità di acqua potabile per la popolazione mondiale.
Self (Solar Electric Light Foundation): diffusione delle pompe idriche a energia solare nel mondo.
Greencross Italia (http://www.greencross.it): distribuzione delle risorse idriche sulla superficie terrestre.
«Acqua risparmio vitale», Regione Emilia Romagna: consumo di acqua per il lavaggio dell'auto, dallo sciacquone del Wc, per l'igiene personale.
American Water Works Association (http://www.awwa.org): calcolo della perdita di acqua da rubinetti e fori nelle tubature.
SaveWater (http://www.savewater.com.au): usi nascosti dell'acqua.

vi. Acquisti e fare la spesa

Aiab: vantaggi energetici dell'agricoltura biologica.
Retegas: i Gruppi di acquisto solidale in Italia.
Enzo Del Fatto: il Gruppo di acquisto solidale di Salerno.
Global Hunger Alliance (http://www.globalhunger.net): consumo di acqua e di energia di una dieta prevalentemente vegetariana e di una carnivora.
Fao: numero di persone il cui fabbisogno alimentare può essere soddisfatto da un ettaro di terra coltivata.
WWF Svizzera (http://www.wwf.ch): stagioni di frutta e verdura; consumo di energia per il trasporto di generi alimentari.
Vegetarian and Vegan Information (http://www.goveg.com): inquinamento prodotto dall'industria della carne.

vii. In vacanza

Daniele Cesano (Azzero CO_2): emissioni di anidride carbonica per il trasporto aereo e in treno.
Francesco Pastorelli (Cipra Italia): consumi energetici e idrici per l'innevamento artificiale sulle Alpi.

World Tourism Organization (WTO): numero di viaggi per turismo nel mondo, fatturato mondiale per attività turistiche, numero di viaggiatori in aereo nel mondo.
Jos Dings (European Federation for Transport and Environment): consumi energetici e inquinamento prodotto dal trasporto aereo.
Matteo Scarabelli (Milano): viaggio in bicicletta attraverso i dieci nuovi Stati membri dell'Europa dell'est.
Lega Anti-vivisezione: numero di animali esotici in Italia.
Animali, non bestie, Edizioni Ambiente, 2004: giro di affari del commercio mondiale di animali esotici.

VIII. In ufficio

Alessandro Adani (Agenzia per l'energia e lo sviluppo sostenibile di Modena) e Green Effect (www.greeneffect.org): i consumi energetici medi negli uffici.
Gianluca Ruggieri (eERG-Politecnico di Milano): progetto a Trezzano Rosa (Milano) per l'illuminazione stradale.
Fire-Italia: diffusione degli energy manager in Italia.
Lorenzo Bertuccio (Euromobility): diffusione ed esempi di attività di mobility manager.
«Casa Energia», 2004, n. 1, p. 46: multiutilities e mercato libero dell'energia elettrica.
Speciale Energia Solare, supplemento a «Casa Energia», 2005, n. 2, p. 14: business fotovoltaico.
Gifi (Gruppo Imprese Fotovoltaiche Italiane): finanziamento in conto energia per i sistemi fotovoltaici.

IX. Salviamo la vita a un albero

Eliana Farotto (Comieco): emissioni di CO_2 evitate grazie al riciclo di carta, cartone e cartoncino.
Conai: riciclo di carta, cartone e cartoncino.
Legambiente: superficie di foreste distrutte nel mondo ogni anno.
Arch. Marco Capellini: auto, cucina e triciclo in cartone riciclato.
WWF: commercio illegale di legname.
CO2 e biodiversità, a cura di Ian R. Swingland, Edizioni Ambiente, 2004: estensione delle foreste sul pianeta prima dell'era industriale.
Confcommercio: acquisto di alberi di Natale in Italia.
Portale www.parks.it: numero e superficie delle aree protette in Italia.
Corpo Forestale dello Stato: incendi di foreste e boschi in Italia.

Glossario

Paola Villani (Kyoto Club): effetto serra antropico, anidride carbonica.

Giuseppe Gorini (Università di Milano, dipartimento di Fisica): energia nucleare da fusione

Rosario Mosello (Cnr – Centro nazionale ricerche, Ise): piogge acide ed eutrofizzazione dei suoli e delle acque

National Oceanic and Atmospheric Administration (Noaa): buco dell'ozono.

Dossier rifiuti WWF (http://www.wwf.it/ambiente/dossier/rifiuti.pdf): Cdr, inceneritori

Assolterm: collettori solari termici

Domenico Inglieri (Gifi – Gruppo imprese fotovoltaiche italiane): sistema fotovoltaico.

Stampato per conto della Casa editrice Einaudi
presso Mondadori Printing S.p.A., Stabilimento N.S.M., Cles (Trento)
nel mese di settembre 2005

C.L. 1365

Edizione								Anno			
1	2	3	4	5	6	7	8	2005	2006	2007	2008